江苏科普创作出版扶持计划项目

ASTRONOMICAL TELESCOPE

巨型望远镜时代

现代光学天文望远镜

中国天文学会 中科院南京天文仪器有限公司 组织编写

程景全 著

天望远镜史话②

南京大学出版社

编委会
EDITORIAL BOARD

21世纪是科学技术飞速发展的太空世纪。"坐地日行八万里,巡天遥看一千河。"离开地球,进入太空,由古至今的人类,努力从未停止。古代传说中有嫦娥奔月、敦煌飞天;现代有加加林载人飞船、阿姆斯特朗登月、火星探测;当下,还有中国的"流浪地球"、美国的马斯克"Space X"。

中华文明发源于农耕文化,老百姓"靠天吃饭",对天的崇拜,由来已久。"天地君亲师",即使贵为皇帝老儿,至高无上的名称也仅仅是"天的儿子",还得老老实实祭天。但以天子之名昭示天下,就彰显了统治的合法性。"天行健,君子以自强不息",君子以天为榜样,"终日乾乾"。黄帝纪年以后,古中国的历朝历代都设有专门的司天官。史官起源于天官,天文历法之学对中国上古文明的形成,具有非同寻常的意义。古人类的天文观测都是用眼睛直接进行的。

人的眼睛就是一具小小的光学望远镜,在黑暗的环境中,人眼可以看到天空中数以千计的恒星。但没有天文望远镜,人类只能"坐井观天",不可能真正了解宇宙。

在今天这个日新月异、五彩缤纷的世界中,面对浩渺太空和大千世界,人们总会存在很多疑问。这些问题看似互不相关,但其中许多问题都可以归结到天文望远镜的科学、技术和应用当中,天文望远镜是人类走进太空之匙。

进入21世纪以来,知识和信息以非凡的速度无限传递。这样一个追求高效率、快节奏的社会，对人的知识储备提出了更高更精的要求，从小打下坚实的基础变得至关重要。在众多获取知识的途径中，"站在巨人肩上"——读大师的作品无疑是最有效的办法之一。

青少年时期，是科学技术的启蒙期，在最关键的成长期，需要最有价值的成长能量。对于成长期的青少年来说，掌握课本上的知识已远远不能满足实际需要。他们必须不断寻找新鲜的知识养料来充实自己，为了使他们能够从浩瀚的书籍海洋中最迅速、最有效地获得那些凝聚了人类科学，尤其是技术发展最高水平的伟大成果，这套"天文望远镜史话"丛书应运而生。它以全新的理念、崭新的科学知识和温情的故事，带给读者全新的感受。书中，作者用生动丰富的文字、诙谐风趣的笔法和通俗易懂的比喻，将深奥、抽象的科技知识描绘得言简意赅，融科学性、知识性和趣味性于一体，不仅使读者能掌握和了解相关知识，更可激发他们热爱科学、学习科学的兴趣。

读书之前，书是您的老师；读书之时，您是自己的老师；读完之后，或许您就会成为别人的小老师。祝愿读者在阅读"天文望远镜史话"丛书过程中，能闪耀出迷人的智慧光芒，照亮您奇特有趣、丰富多彩的科学探索之路和美丽的梦想世界。

常进

2020.08.

身处 21 世纪，借助于各种天文望远镜，人类的天文知识已经十分丰富。航天事业的发展使人类在月亮这个最邻近的天体上留下了自己的足迹。人类制造的航天器也造访过太阳系中一些十分重要的行星和小行星。毫不夸张地说，人类对于宇宙的认知几乎全部来自天文望远镜的观测和分析。

天文望远镜是人类制造的一种用于探测宇宙中各种微弱信号的专用仪器。它们的形式多种多样，技术繁杂，灵敏度极高。天文望远镜延伸和扩展了人类的视觉，使你可以看到遥远和微弱的天体，甚至是无法被"看见"的物理现象和特殊物质。

经过长时期的发展，现代天文望远镜的观测对象已经从光学、射电，扩展到包含 X 射线和伽马射线在内的所有频段的电磁波，以及引力波、宇宙线和暗物质等。这些形形色色的望远镜组成庞大的望远镜家族。丛书"天文望远镜史话"将专门介绍各种天文望远镜的相关知识、发展过程、最新技术以及它们之间的联系和差别，使读者获得有关天文望远镜的全方位的知识。

天文学研究的目标是整个宇宙。汉字"宇"表示上下四方，"宙"表示古往今来，"宇宙"便是所有空间和时间。在古代，人类用肉眼直接观察天体，在黑暗的环境中，人眼可以看到天空中数以千计的恒星。

中国是最早进行天文观测的国家之一。2001 年在河南舞阳贾湖发掘的裴李岗文化遗址中发现了早在 8000 年以前的贾湖契刻符号，这也是世界上目前发现的最早的一种真正的文字符号。从那时起，古代中国人就开始在一些陶器上记录重要的天文现象。

公元前 4 世纪，我国史书中就有了"立圆为浑"的记载。这里的"浑"就是世界上最早的恒星测量仪器——浑仪。后来西方也发展了非常相似的浑仪，但他们沿用的是古巴比伦的黄道坐标系，所记录的恒星位置并不准确。直到公元 13 世纪之后，第谷才开始使用正确的赤道坐标系记录恒星位置。

公元前 600 年，古代中国人已经有了太阳黑子的记录。这比西方的伽利略提早了约 2000 年。在春秋战国时期，出现了著名的天文学家石申夫和甘德，以及非常重要的 8 卷本天文专著《天文星占》，其中列出了几百个重要恒星的位置，这比西方有名的伊巴谷星表要早约 300 年。古代中国人将整个圆周按照一年中的天数划分为 365 又 1/4 度，可见他们对太阳视运动的观测已经相当精确，这一数字也非常接近现代所用的一个圆周 360 度的系统。

郭守敬是世界历史上十分重要的天文学家、数学家、水利专家和仪器制造专家。他设计并建造了登封古观星台。他精确测量出回归年的长度为 365.2425 日。这个数字和现在公历年的长度相同，与实际的回归年仅仅相差 26 时秒，领先于西方天文学家整整 300 年。同样，他在简仪制造上的成就也比西方领先了 300 多年。

光学望远镜是人类眼睛的延伸。天文光学望远镜的发展已经有 400 多年的历史。利用光学天文望远镜，人们看见了许多原来看不到的恒星，发现了双星和变星。天文学家也发现了光的频谱。观测研究恒星的光谱可以了解它的物质成分及温度。

麦克斯韦的电磁波理论使人们认识到可见光仅仅是电磁波的一部分。电磁波的其他波段分别是射电（即无线电）、红外线、紫外线、X 射线和伽马射线。为了探测在这些频段上的电磁波辐射，从 20 世纪 30 年代以来，天文学家又分别发展了射电望远镜、红外望远镜、紫外望远镜、X 射线望远镜和伽马射线望远镜。这些天文望远镜是对人类眼睛光谱分辨能力的扩展。

20 世纪中期，物理学家和天文学家又分别发展了引力波、宇宙线和暗物质望远镜。这些新的信息载体不再属于电磁波的范畴，但它们同样包含非常丰富的宇宙信息。随着对这些新信息载体的认识不断深入，天文学家正在发展灵敏度非常高的引力波望远镜、规模宏大的宇宙线望远镜和深入地下几公里的暗物质望远镜。这些特殊的天文望远镜是对人类观测能力新的补充。

天文望远镜是人类高新技术的集大成之作，天文望远镜的发展也极大地促进了人类高新技术的发展。例如，现代照相机的普及得益于天文望远镜中将光学影像转化为电信号的 CCD（电荷耦合器件），手机的定位功能也直接来源于射电天文干涉仪的相位测量方法，而民航飞机的安检设备则是基于 X 射线成像望远镜技术，等等。

本套丛书为读者逐一介绍了世界上各式各样天文望远镜的发展历史和技术特点。天文望远镜从分布位置上分为地面、地下、水下、气球、火箭和空间等多种望远镜；从形式上包括独立望远镜、望远镜阵列和干涉仪；从观测目标上包括太阳、近地天体、天体测量和大视场等多种望远镜。如果用天文学的语言，可以说我们已经进入了一个多信使的时代。

期待聪明的你，能够用超越前辈的聪明才智，去创造"下一代"天文望远镜。

引言
INTRODUCTION

本书是丛书"天文望远镜史话"中的第二本，详细介绍现代光学天文望远镜的发展进程。1948 年美国建成了当时世界第一的 5 米海尔光学天文望远镜。这台望远镜的建成标志着经典光学天文望远镜的发展达到了顶峰。此后，光学望远镜进入了现代天文望远镜的发展阶段。第一批现代光学望远镜已经全部使用膨胀系数低的镜面材料，它们全部是 4 米级以下的赤道式望远镜。光学望远镜结构形式的首次突破来自苏联 6 米地平式天文望远镜，这种地平式支承是自 1845 年内史密斯发明以后的首次应用。这种新结构形式为建设更大口径光学望远镜提供了可能性，同时望远镜的圆顶尺寸也随之减少。此后薄镜面、蜂窝镜面的使用使望远镜的重量和造价不断降低。主动光学和自适应光学的引进、拼合镜面的使用、正方形圆顶室的应用，使光学天文望远镜的口径达到 8 米至 10 米。现在利用拼合镜面技术所进行的 22 米、25 米和 39 米的巨型光学望远镜的设计已经十分完善，进入了特大望远镜的建造阶段。

读者如果想了解其他种类的天文望远镜，请查阅本系列丛书的其他分册。

目录
CONTENTS

01

经典光学望远镜
回顾

　　光学天文望远镜的发明和早期发展与很多大众熟悉或不熟悉的名字紧紧联系在一起，其中有迪格斯、伽利略、开普勒、牛顿、惠更斯、夫琅和费、哈德利、赫歇尔、罗斯、克拉克、海尔等等。光学望远镜自从被发明以来，经历了几个完全不同的发展阶段。

　　第一阶段，为了减少颜色形成的色差，出现了很多镜筒非常长的折射光学望远镜。惠更斯制造的折射光学望远镜，口径仅仅 19 厘米，镜筒的长度却是 37.5 米，赫维留制造的折射望远镜长度更是达到惊人的 46 米。为了进行天文观测，他不得不将望远镜安装在屋顶上，架上一根很高的桅杆来支撑望远镜的重量，形成一个特殊的屋顶天文台。

　　第二阶段，青铜合金反射镜的反射光学望远镜取代了长镜筒折射光学望远镜。光学望远镜的口径越做越大。这些望远镜包括哈德利磨制的抛物面反射光学望远镜、赫歇尔的"大炮"、罗斯的"城堡"、拉塞尔标准的赤道仪跟踪系统。反射光学望远镜的发展使英国一度成为光学天文望远镜的制造中心。

第三阶段，英国数学家霍尔发明了消色差透镜的设计方法，折射光学望远镜的长度一下子缩短到几十分之一。同时夫琅和费改进了玻璃镜坯的质量，使大口径折射光学望远镜的建造成为可能。折射光学望远镜不仅长度缩短了很多，它们的质量也得到显著提高。折射光学望远镜的发展使德国变成天文光学仪器新的研制中心。

第四阶段，新型玻璃镜面取代了传统的铜锡合金镜面。玻璃反射光学望远镜的尺寸从 39 厘米开始不断增大，英国的卡门首先制造了 1.52 米的反射光学望远镜。以后又有人制造了 1.8 米的反射光学望远镜。

第五阶段，克拉克和海尔将折射和反射光学望远镜的口径均发展到了极限。他们先后建成了口径 0.91 米利克和 1.01 米叶凯士折射光学望远镜。这两台折射光学望远镜仍然是世界上口径最大的折射光学天文望远镜。海尔在完成折射光学望远镜后，又一鼓作气完成了 1.52 米、2.54 米和 5 米大口径反射光学天文望远镜。5 米海尔望远镜的建成标志着经典光学望远镜的发展达到顶峰。美国因此理所当然地成为了现代光学天文望远镜新的研究中心。

从此，天文光学望远镜的发展进入现代光学望远镜的新阶段。本书的目的就是全面介绍现代天文光学望远镜在新发展阶段内出现的困惑、发展的路径和取得的巨大进步。

02

光学天文望远镜 的基本知识

现代光学天文望远镜是天文学家用来观测天体的重要工具。和普通的照相机不同，因为它的观测目标十分遥远，所以天体目标上每一点出发到达望远镜的光均可以看作平行光。对于专业光学天文望远镜来说，星光直接在焦平面上成像。当望远镜正好指向天体时，星光平行于望远镜的光轴，在焦点上成像。需要注意的是，这类专业天文望远镜和业余天文爱好者通常使用的望远镜不同，它们不需要目镜，只需要一个可以聚焦的、精密的反射镜面。

光具有粒子性，同时又具有波动性。光线是光传播的轨迹。光是电磁波，和光线相垂直的面是波阵面。当光源处于较近距离时，光线向外辐射，理想波阵面是一个个以光源为球心的同心圆球面。当光源距离我们很远时，理想的光线是一组平行光。实际的波阵面和理想波阵面之间存在差别，这就是波阵面误差。波阵面误差反映在成像面上则称为像差。主要的像差有球差、彗差、像散、场曲和畸变等。

伽利略和开普勒式折射光学望远镜是天文爱好者常常使用的光学望远镜。它们包括物镜和目镜两个部分，是一种无焦光学系统。天上的星光进入望远镜后，直接射入人的眼睛。在无焦光学系统中，平行光进入望远镜后，射出的光同样是平行光。现在不少业余天文爱好者仍然使用这种目视光学望远镜。

目视光学望远镜常常使用"放大倍数"这个术语。望远镜的放大倍数是被观测的物体经过望远镜所成的像的张角与人眼直接观察像的张角的比值，这个比值等于望远镜物镜和目镜的焦距比。业余光学天文望远镜并不是放大倍数越高性能就越好。一般手持光学望远镜的放大倍数都在 15 倍以下，如果放大倍数高于这个数字，像质就会受到人手抖动的影响。军用光学望远镜的放大倍数常常只有 7 到 8 倍。当所使用的天文光学望远镜有稳定支架时，可以选用 100 到 200 倍的放大倍数。实际上望远镜放大倍数越大，像的稳定性就越差，望远镜所能观测的视场范围也越小，望远镜对震动的敏感度也越高。在物镜口径相同的条件下，放大倍数越高，像的亮度就越低。

由于大面积均匀透明玻璃材料的制造困难、透射元件的吸收和色散以及大型透镜边缘支承的压力变形等问题，现代光学天文望远镜基本全部是反射光学望远镜。在反射望远镜系统中，因为焦点位置的不同可以分为主焦点、牛顿焦点、卡塞格林焦点、内史密斯焦点及折轴焦点。这些焦点在光路、焦比、像差和镜面位置特点上均有不同的特征，对此我们将分别予以介绍。

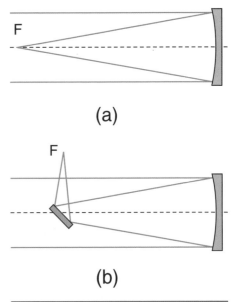

(a)

(b)

图 1 （a）主焦点和（b）牛顿焦点的光学系统

（1）主焦点和牛顿焦点

主焦点系统是反射光学天文望远镜的基本光学系统（图 1（a））。根据圆锥曲线的光学性质，当主镜为旋转抛物面时，平行于抛物面轴线的光线将会聚于抛物面的焦点上，这时星光在几何光学意义上将成完善的点像。主焦点系统就是这样的一个基本的光学系统。由于主焦点位于镜筒前端的入射光路中，因此焦点不易接近，也不适宜装置较大的终端设备。

牛顿焦点与主焦系统类似，只是在焦点前增加了一块斜放的平面镜，使像点成像于镜筒的侧面（图1（b））。

（2）卡塞格林和内史密斯焦点

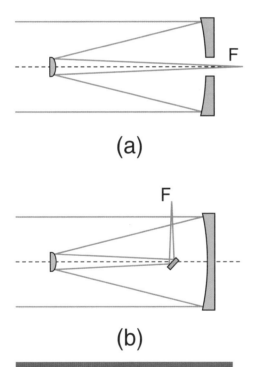

在主焦系统中如果在焦点前放置一块双曲面凸反射镜，这样就构成了经典的卡塞格林系统。卡塞格林系统的焦点通常在主镜后方，称为卡塞格林焦点（图2（a））。在卡塞格林焦点系统中，副镜的引入使焦点位置移出入射光路，因此可以安置较大的终端设备。

经典的卡塞格林望远镜主镜是旋转抛物面，副镜的旋转凸双曲面中的一个焦点与抛物面的焦点重合，卡塞格林焦点就是旋转双曲面的另一个焦点。这时原先无球差的主焦光线准确地会聚到新的焦点位置，像面仍然是

图2 (a) 卡塞格林和 (b) 内史密斯光学系统

没有球差的。但是和主焦点系统一样，这种系统有彗差，也有一定的像散和场曲。

当主镜为抛物面，副镜为凹椭球反射面时，这种新系统叫作格里高利系统。这

种系统在天文上有一定的应用，它的性质和卡塞格林系统基本相同。格里高利系统的一个重要特点是主镜的像（出瞳）位于副镜的下方，在光路之内，并可以加以利用。

在双镜面系统高度轴和主镜光轴的焦点处增加一块斜放的平面镜，就可以将卡塞格林焦点转移到镜筒之外的高度轴承座上，这个焦点位置就称作内史密斯焦点（图2（b））。内史密斯焦点一般常用于地平式望远镜装置中，这时该焦点位置不随镜筒的运动而变化，可以装置较大的，十分精密的终端设备。内史密斯焦点的其他性质与卡塞格林焦点完全相同。

（3）折轴焦点

为了放置稳定的不随望远镜本体运动的庞大终端设备，可以应用几个反射镜面将光线沿望远镜赤经轴的轴线引出，这样获得的焦点就称为折轴焦点（图3）。折轴焦点具有较大的焦比，同时远离望远镜本体。在折轴焦点的后面可以配置大型光谱仪器或其他设备，犹如一个大型的星光实验室。

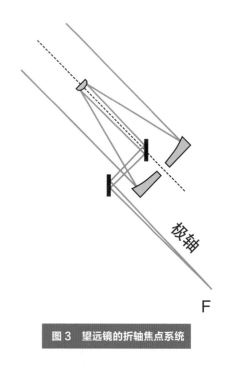

F

图3 望远镜的折轴焦点系统

从反射光学望远镜的介绍可以看出现代天文光学望远镜仅仅包括物镜或者组合物镜（即抛物面主镜或者主副镜的组合），而没有使用目镜。对于这种专业天文望远镜来说，最重要的参数不是放大倍数，而是它们的分辨率、集光能力和视场的大小。

分辨率是望远镜分辨两个临近天体的能力。影响望远镜分辨率的几个因素分别是：望远镜口径衍射、大气视宁度和望远镜的像差。

望远镜口径的衍射极限是由光的波动性质决定的。如果没有大气，一个圆形口径形成的衍射斑大小和波长成正比，和口径尺寸成反比，比例常数是 1.22，即口径越大，衍射斑尺寸越小，分辨率越高。这种衍射斑称为艾里斑，它的大小决定了望远镜的理论分辨率（图 4）。

不过地面上的光学望远镜有大气扰动，当望远镜口径在 10 厘米以上时，望远镜星像大小决定于大气视宁度。大气视宁度是由于大气扰动形成折射率分布不均匀引起的，在地球的不同地方，大气视宁度是不同的。大气视宁度和天文台

图4　距离分别为不同情况的两个艾里斑

台址条件相关。优秀台址的大气视宁度小，像斑一般在 1 角秒以内；较差的台址大气视宁度差，可以达到 3 角秒以上。为排除大气扰动的影响，只有使用空间光学望远镜、采取自适应光学的控制技术或者采用光学干涉仪。

望远镜的像差是指光学系统的固有像差和镜面变形所引起的误差。望远镜的像差通常可以用光学设计、精心加工和装配来减少。像差大，像斑不明锐，弥散范围大，分辨率就会降低。

天文光学望远镜的集光本领是衡量望远镜观测暗星能力的指标。口径越大，集光本领就越强，探测暗星的能力就越强。光学望远镜的集光本领也和它的反射或透射面的反射率或透射率直接相关。

目视天文光学望远镜对视场大小没有太大的要求，但是现代望远镜是一种成像仪器。这种仪器的视场角越大，所获得的天体信息就越多。限制视场角大小的因素主要是轴外像差和望远镜的渐晕。所谓渐晕，即轴外星光形成的像点相对于轴上像点光强更弱的现象。

03
经典光学望远镜的困局

从 1928 年海尔向洛克菲勒基金会写信求助时算起，到 1948 年 5 米海尔光学望远镜顺利建成，前后整整 20 年时间。这台 5 米海尔光学望远镜总共花费了当时的 600 万美元。尽管在望远镜厚重巨大的镜面背面利用很多不通的孔来减轻它的重量，它的镜坯仍然重达 19 吨。经光学加工以后，镜面的净重为 14.5 吨。厚重的镜面，长焦距，赤道式的支撑系统，巨大的马蹄叉臂，等弯沉的镜筒桁架，支撑力巨大的静压油垫轴承，加上十分高大的天文圆顶，所有这些均是经典光学天文望远镜的典型特点（图 5）。

这台光学望远镜的转动部分总重量为 482 吨，圆顶直径 42 米，圆顶重量为 1000 吨，这是当时世界上最重、也

图 5　5 米海尔天文望远镜

是最大的可以运动的机械装置。从伽利略的 3 厘米折射光学望远镜开始，经过 340 年的发展，海尔望远镜谱写了经典光学天文望远镜的光荣和梦想。在此后的 21 年，直到苏联的 6 米地平式望远镜正式建成，海尔望远镜一直是世界上口径最大的光学天文望远镜。

这台望远镜连同 2.5 米胡克反射光学望远镜、海尔 1.5 米反射光学望远镜、1 米叶凯士折射光学望远镜、0.9 米利克折射光学望远镜以及后来帕洛马山的 1.22 米施密特大视场望远镜一起，使美国在观测天文学上一下子从一个默默无闻的角色发展到遥遥领先于世界上所有国家的霸主。美国已经成为光学天文学界的超级大国，也成为在科学技术发展上的超级大国。而海尔建造望远镜的事迹也被写进美国小学的教材，使他成为所有美国人心目中的科技英雄。在取得这么多成绩以后，天文学家们也不得不认真地思考下一步究竟应该做些什么。

天文望远镜所接收到的光子数是由望远镜的口径尺寸决定的。当天体非常暗弱，或者非常遥远时，它所发出的到达地球表面的光子数非常稀少。当光子数少到一定程度，在一定曝光时间内，望远镜就看不见这个天体。天体到达地球的光子数和天体距地球的距离平方成反比，当天体距离地球越远，它到达地球表面上单位面积的光子数就越少。一台 5 米口径的光学望远镜可以获得的光子数是一台 1 米口径望远镜所能够获得光子数的 25 倍。使用 1 米口径望远镜曝光 1 小时获得的一张星像，使用一台 5 米口径望远镜只需要短短 2.4 分钟。任何光子探测器的灵敏度均有一个极限，当光子数少于一定数值的时候，探测器就不可能有任何响应。因此，从天文学家的角度来看，仍然必须追求口径越来越大的天文光学望远镜。

天文学家永无止境的求知欲一直不断推动着天文光学望远镜口径的增长。在海尔 5 米光学望远镜建成之后，尽管天文学家仍然希望建设口径更大的天文光学望远镜，但是在建设和设计中遇到了几个很大的困难。

首先，光学望远镜镜面的表面精度是和可见光的波长直接联系在一起的，为了使光学望远镜镜面散射的星光能量小于一定的比例，望远镜镜面的表面精度必须达到光波长的二十分之一。这是一个非常高的要求，对于直径 5 米的镜面，这就相当于在太平洋的一万八千千米的宽度上，水面起伏的平均误差仅仅 9 厘米高。

在望远镜中，多种因素都会引起镜面的变形，不过镜体内不同区域的温度差所引起的变形有着最重要的影响。2.5 米胡克望远镜主镜使用普通玻璃，热膨胀系数是一百万分之十左右。望远镜在每天傍晚刚刚打开圆顶进行观测时，镜面存在很大的热变形，星像十分模糊。这种情况常常延续几个小时，影响天文观测的进行。为了改变这种情况，不得不在镜面的背面安装冷却水管装置。海尔 5 米光学望远镜的主镜使用了膨胀系数为普通玻璃三分之一的硼玻璃材料，同时镜体上增加了减重孔，减小了热时间常数。但是镜面的温度变形仍然是每天晚上刚开始观测时的严重问题。后来只好在望远镜圆顶室安装空调，预先将望远镜本体冷却到夜晚室外的温度范围。

首先，为了使镜面表面的变形量小于光波波长的二十分之一，大口径光学天文望远镜镜面必须采用热膨胀系数非常低的昂贵材料。这些材料是熔融石英、微晶玻璃和超低膨胀材料。超低膨胀材料是一种加入钛的熔融石英。

其次，为了充分保证望远镜的角分辨率，望远镜必须具有很高的指向精度。指向精度和结构稳定性直接联系在一起，因此不允许结构有大的变形。而望远镜结构的变形，根据力学原理，常常是结构尺寸的三次方函数。望远镜口径增大就伴随着它的结构横切面面积的增大，所以它的体积和重量将以高于口径三次方的速度增加。由于体积和重量的增大远远高于镜面面积的增长速度，使得再继续增大望远镜的口径变得十分困难，望远镜的建设费用也变得更为昂贵。

在大口径天文光学望远镜中，传统主镜具有很小的直径厚度比（8∶1左右），使镜面重量大，导致了望远镜其他部件的重量也变得很大。同时传统较大的主焦比（3左右）会使镜筒变得很长，相应地使望远镜的其他结构变大，变重。长镜筒同时会增加圆顶室尺寸，从而增加望远镜和圆顶的造价。

在望远镜发展的历史上，主镜焦比随着时间的前进和光学技术的提高而不断减小。1641 年赫维留的长镜筒折射望远镜焦比为 830；1789 年赫歇尔 1.2 米大炮望远镜焦比为 10；1869 年墨尔本 1.2 米光学望远镜的焦比为 7.5；1905 年威尔逊山 1.5 米反射光学望远镜的焦比为 5；1948 年海尔 5 米望远镜的焦比为 3.3。在当时还没有技术和能力加工焦比很小的镜面。后来 1976 年欧洲南方天文台 3.6 米望远镜的焦比为 3.0；1989 年欧南台的新技术望远镜的焦比是 2.2；1998 年欧南台的甚大望远镜的焦比只有 1.8；而到 2007，年美国双筒望远镜的焦比则小到 1.14。现在一些大望远镜最小的焦比仅仅是 1.0。

在天文望远镜的发展过程中，地球大气扰动的影响使大口径光学望远镜的分辨率相对于小口径望远镜并没有实质性的改善，同时望远镜的穿透能力也没有和望远镜的集光面积或者制造成本成正比例地增长。所有这些使天文学家开始怀疑对特大口径光学望远镜的投入是否合算。在一些天文观测中，建造多个中小口径光学望远镜的使用效率可能会超过建造一个单一的特大口径光学望远镜的使用效率。

不过在 20 世纪 50 年代，不能建造更大口径光学天文望远镜的最主要原因仍然是资金。那时世界刚刚从第二次世界大战中走出，整个欧洲急需资金进行重建工作。为此美国投入巨资推行马歇尔计划。这时要想建造口径更大的光学天文望远镜，在经济上和技术上都不是可行的。海尔光学天文望远镜建成以后，光学天文望远镜的发展进入了一段相对平稳的后经典时代。在这个时期，迅速出现了一批 2 至 4 米的中等口径光学天文望远镜。这些望远镜不需要发展新技术，需要的资金也比较有限。在此期间，光学天文望远镜的制造技术也获得稳定进步，为实现现代光学天文望远镜的革命性飞跃提供了技术上的储备和发展条件。

04

美国国家光学天文台的建立

    1945年,美、苏、英、中所结成的同盟国集团取得了第二次世界大战的伟大胜利。在第二次世界大战中，苏联、英国和中国都不同程度地受到了以德、意、日所组成的轴心国的严重战争摧残，天文学研究几乎全部中断，天文台也受到严重毁坏，原本已经比较落后的光学天文望远镜和其他天文仪器一下子又倒退了许多年。而美国因为远离战火，长时间处于中立地位，向参战国提供武器、推销商品，反而在战争期间保留了它的科研队伍，发展了工业基础，形成了非常强大的军火工业。在战争早期， 5米海尔光学望远镜的工程一直在顺利地进行。

    1941年底日本偷袭珍珠港使美国真正进入战争状态，1942年不少美国年轻人被征召入伍，海尔光学望远镜的建设不得不中断数年。这时美国真正的重点工程是大型曼哈顿工程，这项特大科学工程总共动员了四万三千多人，其中相当大一部分是顶级科学家，工程总共投入资金22亿美元。短短几年，美国就拥有了两颗原子弹，科学成果转化为比太阳还亮的杀人武器。日本人在中国、东南亚和美国的珍珠港犯下了罄竹难书的滔天罪行，而毫不心慈手软的美国人则使用两个日本城市来试验新研制的原子弹的威力，同盟国因此获得了第二次世界大战的胜利。之后日本人对美国只好俯首帖耳。

战后经过短短几年，花费六百万美元的海尔5米光学天文望远镜顺利完工，成为名副其实的世界上口径最大的光学天文望远镜。相比曼哈顿工程，海尔光学天文望远镜不过是一个小小玩具，但是相对于其他科学工程，仍然可算作大科学工程。

战争结束后，大批美国军人从军队复员，美国政府为这些复员军人提供了免费接受大学教育的机会，参加曼哈顿工程的人员也渐渐回归到原来的象牙塔。到20世纪50年代，一部分原来的二战军人已经成为各个大学天文系的研究生和教师，他们的天文研究迫切地需要一批大中口径的天文光学望远镜。当时的美国尽管有着一批世界一流天文光学望远镜，但这些仪器全部集中在加州以及少数几座精英大学，如哈佛大学和芝加哥大学，并且这些大口径望远镜的观测时间也已经全部被预定满了。

当时刚刚经历过世界大战，加上在朝鲜发生战争，美国、欧洲和苏联在资金和技术上都面临一定困难，不可能建造更大口径光学天文望远镜。而建设中等口径的望远镜则不存在什么困难和风险，这时各种低膨胀系数的镜面材料也正在研制之中。中等口径光学望远镜本身具有相对大的集光口径，通过深度曝光也可以获得很好的穿透能力。另外通过建造一批中等口径望远镜，可以满足多位天文学家，尤其是众多的年轻天文学家的需要，同时进行多种天文观测。

当年5米海尔望远镜留下了一块3米的试制镜坯。利用这块镜坯，1959年美国很快建成3米沙恩（Shane）光学天文望远镜（图6）。

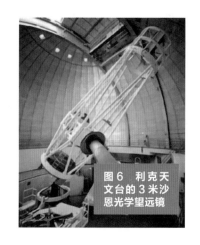

图6 利克天文台的3米沙恩光学望远镜

当时这是世界上口径第二的光学天文望远镜。这个望远镜拥有一个比较特别的折轴固定焦点，可以安装体积很大的光谱仪。为了充分发挥这个光谱仪器的作用，1969 年在沙恩望远镜附近又建造了一台专门使用这个折轴焦点的 0.6 米折轴辅助望远镜。

图 7　乌克兰 2.6 米沙因反射光学天文望远镜

和 3 米沙恩望远镜几乎同时，1959 年苏联在克里米亚天文台建造了一台沙因（Shain）2.6 米反射光学天文望远镜（图 7），沙因是一位乌克兰天文学家。这台望远镜就成为当时世界上仅小于海尔和沙恩的口径第三的光学天文望远镜。

处在第四位的是 2.54 米的利克天文望远镜。不过苏联 2.6 米望远镜这个世界第三的纪录仅仅保持了 9 年。

在 1963 年，美国德州麦克唐纳天文台选择了一位光学专家出身的天文台台长。这位台长就是年轻的迈内尔，后来国家光学天文台的第一任台长。1968 年这个天

图 8　国德州麦克唐纳天文台 2.7 米史密斯望远镜

文台建成了一台口径 2.7 米的史密斯光学天文望远镜（图 8）。这台望远镜取代了苏联沙因望远镜，成为口径世界第三的光学望远镜。然而，这台望远镜命运不济，两年以后，即 1970 年，一位被解雇的天文台员工因为对上司不满，拔出手枪，对着他的老板开了一枪后，又对着望远镜主镜连续开了几枪。所以直到今天，望远镜主镜上仍保留着清晰的弹孔，这台光学天文望远镜的实际口径面积因此减少了一小部分。

二战结束以后，同盟国之间战后短暂的平静很快就被东西方国家之间的冷战所破坏。1949 年苏联的原子弹研制成功，宣告了美国的原子弹垄断地位的结束。1950 年 6 月朝鲜发生内战，很快美国和中国先后卷入其中，美国很快发现他的军队第一次遇到了真正的对手。朝鲜战争消耗了美国大量人力财力。最后，双方签订了停战协议。

在朝鲜战争期间，苏联赢得了好几年宝贵的和平发展时间，科技事业获得了快速发展。1957 年苏联发射了人类历史上第一枚人造地球卫星。这颗直径 0.58 米、重量 84 千克的小卫星立即在美国科学界尤其是天文学界引起了强烈反响。当时的英国，一台 72.6 米的射电望远镜很快就捕捉到这个很小的人造天体，而美国天文界却跟踪不到这颗人造卫星。紧接着 1961 年，苏联加加林在太空度过了短短的 1 小时 48 分钟，成为飞上太空的第一名宇航员。与此同时，苏联普尔科沃天文台开始研制一台口径达 6 米的光学天文望远镜。著名的光学专家马克苏托夫参加了 6 米光学望远镜的研制工作。

所有这些事件给美国天文光学望远镜和航天事业带来极大震动。1956 年美国国家科学基金会根据美国射电望远镜落后的现实，在西弗吉尼亚专门成立了美国国家射电天文台，为美国射电天文学家从事科学研究提供大型射电天文望远镜设施。在苏联发射人造卫星，特别是发射载人航天器之后，1958 年美国倾全国之力很快成立了一个具有垄断性质的国家航天局（NASA），其下包括一系列超大型科学研究机构，每一个研究机构的人员均在四五千人以上。1960 年美国国家科学基金会又在亚利桑那州成立了美国国家光学天文台，这是一个和国家射电天文台具有相似目的的研究型服务机构，用以改变各个大学在光学天文望远镜使用分配上的不平衡现象。几乎同时，1958 年，和美国遥遥相望的中国为了建造天文望远镜，在中国科学院成立了一个特别的研制单位——中国科学院南京天文仪器厂。

美国国家光学天文台成立以前，首先进行了台址勘察工作。天文台筹备组对美国所有可能的天文台台址进行了仔细考察和研究，最终选定了将亚利桑那州的基特峰作为天文台的观测基地。国家光学天文台成立后，就在图森附近的印第安人领地基特峰山上获得了约 200 英亩的土地使用权。这里距图森仅仅一个半小时的车程，周围几乎没有任何大型村庄和集镇。基特峰山顶海拔 2000 米，大气视宁度是美国本土中最好的。当时的国家光学天文台下属有南北两个光学观测天文台，分别是北半球的基特峰天文台和南半球智利中部山区的泛美天文台。之后又增加了位于新墨西哥州的国家太阳天文台。

基特峰光学天文台和泛美天文台成立的首要任务就是建造大口径的光学天文望远镜。最初的计划是在基特峰和南美洲各复制一台 5 米海尔光学天文望远镜。不过当时由于通货膨胀，5 米光学望远镜的造价已经从 600 万美元上升到天价的 1300 万美元，而美国经济已大不如以前，实在无法获得这样一笔巨额资金。国家光学天文台根据海尔的经验将集资渠道转向资金雄厚的美国福特基金会，不过联系的结果并不令人满意。由于缺乏资金，国家光学天文台只好降低光学望远镜口径，变成在南北两个半球各建造一台 4 米光学天文望远镜。

为了验证望远镜的制造能力，新建立的天文台首先试制了一台 1.3 米光学天文望远镜，之后又建造了一台 2.1 米光学天文望远镜。南北两台 4 米光学天文望远镜的真正建造开始于 1966 年。它们的主镜面分别采用了两种不同的镜面材料，基特峰天文台采用通用电气的熔融石英，泛美天文台则采用微晶玻璃。

图 9　康宁公司为泛美天文台生产的 4 米微晶玻璃镜坯

　　早在 20 世纪 30 年代，通用电气公司获得海尔 5 米望远镜的经费支持，制造了 1.5 米口径熔融石英镜坯，但却无法生产出更大口径的镜坯。经过 30 年，他们已经掌握了制造熔融石英大口径镜坯的技术。因为熔融石英膨胀系数低，他们选择了实心的厚镜面，没有设任何减重孔，整个 4 米实心镜坯和海尔 5 米减重镜坯一样重，均为 19 吨。经过整修外圆，减少了 4 吨镜面材料，之后又在镜坯中间切出一个直径 1.3 米的主镜孔，主镜镜面的重量降低为 13.6 吨，比 14 吨的海尔望远镜主镜只轻了不到 1 吨。

　　熔融石英是由纯净的氧化硅熔化以后迅速固化而形成的玻璃状材料，它的熔点很高，达 2000 ℃，在熔化点流动性很差，热膨胀系数低至千万分之一。当时这种材料大多用于在高温中工作型的试管和实验室容器。熔融石英的硬度也远远高于一般玻璃材料，所以它的抛光时间长，光洁度性能十分优越。

　　泛美天文台望远镜使用的是微晶玻璃主镜面。微晶玻璃的膨胀系数几乎是零，但是它的晶粒组织使它很难制造出具有减重孔、厚度变化较大的镜坯，所以这一块 4 米主镜坯也是一块厚度很大的实心镜坯。镜坯重量达 25 吨，比海尔望远镜的镜坯还要重 7 吨。1972 年 1 月微晶玻璃的主镜镜坯交货 (图 9)。

在第一任台长迈内尔的组织下，镜面磨制工作就在美国国家光学天文台的光学车间进行。为了磨制这两块大镜面，检验镜面的质量，美国国家天文台在总部专门兴建了一个光学车间，制造了一台特大口径的磨镜机和一个高度二十几米的垂直光学检验塔。这两台望远镜中最关键的部件——主镜面将在天文台总部完成加工。

平均每个镜面的磨制加工约花费了 3 年时间。磨制过程分为三步：首先将镜面加工成最接近的球面；然后将球面加工成抛物面表面形状；最后使用小尺寸的磨具将镜面磨制到所需要的精度。磨制过程中，主要使用了刀口检验和哈特曼检验。在哈特曼检验中，有一块覆盖全口径面的哈特曼屏幕，屏幕上整齐排列着 440 个通孔。经过这些通孔的光在曲率中心处成像，为了方便对成像的数学处理，这些孔的阵列呈正方形排列。

两台 4 米光学望远镜的加工制造共花费了十多年时间。1973 年基特峰天文台 4 米梅奥尔反射光学天文望远镜安装完成，这在当时是口径仅次于海尔望远镜，居于世界第二的光学天文望远镜。梅奥尔望远镜占据了基特峰天文台的最高点，拥有一个高大而壮观的天文圆顶。

图 10　建设中的基特峰天文台 4 米望远镜的基墩

这台光学望远镜仍然采用了传统赤道式的支撑结构，镜筒由巨大的马蹄形轭式结构支撑，总重达 300 吨。它的口径比海尔望远镜小，所以重量比海尔望远镜轻了近 200 吨。它同样使用承载能力很强的液压轴承。为了保证望远镜的运动不受圆顶室运动的干扰，望远镜和圆顶室的基础完全隔离开来。这台望远镜的圆顶总高度达 56 米，相当于一座 18 层的楼房，圆顶自重达 500 吨。为了避开地面附近大气扰动对天文观测的影响，望远镜的基墩距离地

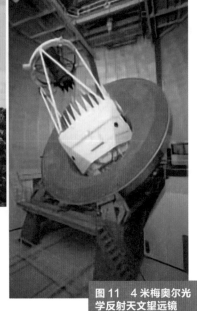

图 11 4 米梅奥尔光学反射天文望远镜

表面有 30 多米（图 10 和图 11）。

　　4 米梅奥尔光学天文望远镜安装以后，基特峰天文台又先后建造了口径 2.1 米、1.3 米和 0.9 米三台光学天文望远镜，并建造了当时世界上规模最大的 1.6 米麦克马思 – 皮尔斯专门太阳塔。这台太阳望远镜的主镜焦比很长（达 f/65），几乎是所有望远镜中最大的。

　　40 多年以后，这座太阳塔依然是世界上口径最大的太阳望远镜，直到一台 4 米口径的先进技术太阳望远镜（ATST）出现。这台望远镜的制造开始于 2013 年，于 2019 年底建成，现已更名为井上建太阳望远镜（DKIST）。这台 4 米望远镜采用了偏轴的格里高利光学设计，大大减少了口径内的杂散光的影响。同时它采用了自适应光学技术和斑点干涉技术，以获得更高的空间、光谱和时间分辨率。

　　后来美国国家射电天文台在基特峰上建造了一台 12 米毫米波望远镜，现在这台望远镜已经转交给亚利桑那射电天文台。1994 年光学天文台设计的 3.5 米新技术 WIYN 望远镜顺利建成，这台 3.5 米望远镜的圆顶仅仅是 4 米梅奥尔望远镜的

图 12　2012 年基特峰山顶的光学望远镜

几分之一（图 12）。

　　基特峰天文台是世界上第一个光学天文望远镜最为集中的天文观测中心。之后又建成夏威夷山顶天文观测中心、智利北部拉西亚高山光学天文观测中心、西班牙克来瑞岛光学天文观测中心和智利北部的帕拉瑞天文观测中心。每一个观测中心都聚集着一大批光学天文望远镜。

　　梅奥尔天文望远镜建成一年以后，1974 年国家光学天文台在南半球智利泛美天文台的 4 米布兰科望远镜（图 13）也安装完毕，投入使用。这两台 4 米望远镜的设计除了镜面材料几乎完全相同。

　　有意思的是这两台 4 米光学天文望远镜分别使用了美国国家光学天文台下属的各自天文台的

图 13　4 米布兰科光学反射天文望远镜

第二任而不是第一任台长的名字命名。这两个光学天文台的第一任台长分别是著名的光学专家迈内尔教授和著名的观测天文学家斯托克博士。

迈内尔教授出生于 1922 年，1940 年他进入了加州理工大学学习，在学习期间曾经到光学公司实习，因此学会了透镜磨制方法。他甚至可以磨制出施密特望远镜的球差改正透镜。迈内尔的女友（后来成为了他的夫人）是天文专业学生。她的父亲在威尔逊天文台太阳望远镜上工作，母亲也是天文学家，曾经是芝加哥大学天文系的第一位女天文学博士。

1942 年迈内尔结婚时，美国已经卷入了第二次世界大战。蜜月刚一结束，他就应征入伍。战争期间，他曾经帮助从德国蔡司公司和肖特玻璃公司逃出来的专家，使他们顺利进入美国。1944 年当迈内尔准备在一艘大型军舰上服役时，被召回到加州理工大学继续学习。几个月后这艘军舰受到了日本潜艇的攻击而沉没，舰上共有 1200 人，侥幸生还的只有 300 多人。1949 年迈内尔在加州大学伯克利分校获得天文学博士学位，之后在芝加哥大学任教。并于 1953 年至 1956 年先后担任叶凯士天文台和德州麦克唐纳天文台台长。他发起建设了 2.7 米光学天文望远镜，1968 年 2.7 米光学天文望远镜正式投入使用。

1956 年迈内尔在美国科学基金会负责国家光学天文台的筹备工作，1958 年担任基特峰光学天文台首任台长。他对于美国光学天文的发展有很大的贡献，亲自设计了一批中小口径的光学天文望远镜。迈内尔任基特峰光学天文台台长的时期，积极参与了美国哈勃空间光学望远镜的预研工作。由于这个原因，他受到了天文台内部一些人的强烈排挤。他们对他的指责主要有两点：第一是他过多地参与了空间望远镜的准备工作，影响了天文台的分内工作。第二就是多花了近十万美元的天文台经费。他担任台长不过短短几年，就在美国科学基金会的压力下，被迫辞去了台长职务。

1961 年迈内尔说服了亚利桑那大学领导，成立大学内的光学研究中心。他亲自担任大学光学研究中心首任主任，同时还兼任亚利桑那大学天文系主任和斯图尔德天文台台长。现在这个光学研究中心已经成为美国最有影响力的光学中心。在他的领导下，光学研究中心从开始建立就开展了对主动光学和自适应光学的研究工作，并在这个重要领域内获得了许多成果。受光学中心的影响，图桑的周围形成了一个光学工业密集的新技术开发区。1993 年亚利桑那大学光学中心大楼被命名为迈内尔大楼。

迈内尔曾经是美国光学学会、国际光学学会和国际天文学会的主席，是美国科学院院士。1978 年后他多次访问了中国科学院南京天文仪器厂，对天仪厂的科技成果十分肯定，并数次为该厂科研人员授课。1985 年迈内尔加入美国航天局的喷气动力实验室，1993 年退休。他曾经是调查哈勃空间望远镜球差问题的主要骨干，也是韦伯空间望远镜的筹划人之一。89 岁的迈内尔于 2011 年在拉斯维加斯去世。

斯托克博士是一名德国实测天文学家。从 1950 年代开始，他就致力于智利山区天文台台址的评估工作。他到达智利，很快就认识到原来所设想的三个接近首都圣地亚哥市的台址并不适宜天文台的建设，从而将天文台台址的调查工作转向了智利的北部山区。他在拉赛雷纳市附近发现了一个非常优秀的潜在天文台台址。在这个高高的台址上是一整片平坦的土地，迎风面是平静的太平洋。后来这里就成为美国国家光学天文台下属的泛美天文台台址。

为了继续开发智利优秀的天文观测资源，斯托克博士利用原始的交通工具，一处一处地进行台址的实地考察。当时这些潜在的台址完全没有公路，有时近 30 千米的山路，他组织驴马队，要花上好几个月才能到达最后的山顶地区。几十年以后，他依然清楚地记得第一次到达其中一个天文台台址的情景。当时是晚上，天空非常清晰透亮，头顶的星光是任何其他台址所无法比拟的。而山顶周围寂静无声，温度环境非常适宜，任何一个方向上都没有丝毫的人造灯光。

1962 年斯托克博士应聘担任美国泛美天文台的第一任台长。上任后他参加了道路修建、开山平地、建设圆顶等十分艰巨而烦琐的工作。同时他将智利优秀的台址资源情况告诉了正在寻找南半球天文台台址的欧洲南方天文台，对欧南台的选址工作发挥了重大作用。

欧洲南方天文台曾经在非洲的中部进行台址调查工作，经过长时间的考察，最后一无所获。非洲大陆大气视宁度都非常差。后来根据斯托克的推荐，选择了智利的拉西亚来作为他们第一个光学天文观测基地。

1970 年，正当 4 米光学天文望远镜在泛美天文台开始安装的时候，斯托克博士被迫离任。离任后，他曾在墨西哥短暂工作，后来长期在委内瑞拉工作，帮助这个国家建立了天文研究所，自己担任所长。斯托克博士是一名被遗忘的优秀天文台台址的开发者和南美洲天文研究的组织者。

基特峰光学天文台的和泛美天文台（图 14）的两台 4 米天文望远镜在天文学的发展中发挥了重要作用。通过在这两台 4 米级天文望远镜对河外星系自转速度的详细观测，女天文学家鲁宾发现了星系中存在着看不见的暗物质，从而为现代宇宙学理论奠定了基础。

图 14 智利泛美天文台俯瞰

05

中小光学望远镜的兴起

美国国家光学天文台的两台 4 米光学天文望远镜建设的同时，在欧洲和其他国家，如阿根廷等国，也逐渐诞生了一批 2.5 米到 3.5 米级别的光学天文望远镜。这批光学望远镜同样是使用低膨胀系数的镜面材料，同样是经典光学天文望远镜的结构设计。

英国曾经在反射光学天文望远镜的发展中起过非常重要的作用，因此在新一轮中等口径光学望远镜的竞赛之中，必然会保留它应有的地位。1960 年代，英国射电天文望远镜已经遥遥领先，不但有口径最大的 76 米焦德雷尔班克射电天文望远镜，还有著名的行星际闪烁射电望远镜和剑桥射电干涉仪。为了改善光学天文望远镜的落后状态，英国分别在南北半球规划了一批大口径光学天文望远镜。在北半球，英国计划建造 1 米、2.5 米和 4.5 米三台光学天文望远镜。在南半球英国则计划建造英澳 3.9 米光学天文望远镜。

在这一批望远镜中，最早完成的是 1967 年格林尼治天文台的 2.5 米牛顿光学望远镜。这台望远镜于 1967 年安装在英格兰南部的赫斯特蒙苏城堡。遗憾的是英国本土气候潮湿，长年阴雨，牛顿望远镜几乎不能发挥作用。1980 年牛顿望远镜经过改造迁移到了西班牙的拉帕尔马小岛上。这台望远镜采用对称的叉臂来支持镜筒的重量（图 15），是赤道式支撑结构。

英国在南半球建造的望远镜是 3.9 米英澳光学天文望远镜（图 16）。这台望远镜完成于 1974 年。这时美国国家光学天文台刚刚完成一台 4 米光学望远镜。英澳望远镜的镜面由英国帕森斯公司磨制，结构由日本三菱公司完成，望远镜安装在南半球的澳大利亚，是一台马蹄式的赤道望远镜。这台望远镜建成时，是仅次于 5 米海尔和 4 米梅奥尔光学望远镜的排名世界第三的光学望远镜。当年晚些时候 4 米布兰科望远镜建成。很快 1976 年苏联建成了 6 米地平式望远镜，英澳望远镜就一下子成为口径排名第五的光学望远镜。

英澳光学天文望远镜位于南半球，观测成果累累，2001 年到 2003 年，该望远镜连续三年被评为发表论文最多的 4 米级光学望远镜。2009 年该望远镜又被评为世界上第五台最具有影响力的光学天文望远镜。后来在这个天文台内，又建造了一台 1.2 米口径的施密特望远镜。3.9 米望远镜一直由英、澳共同出资建造和管理。2010 年英国由于经费困难，退出了这台望远镜的管理工作。后来英国还退出了双

图 15　2.5 米牛顿光学天文望远镜

图 16　英澳 3.8 米光学天文望远镜

图 17　4.2 米赫歇尔光学望远镜

图 18　加拿大－法国－夏威夷 3.58 米望远镜（CFHT）。天文学家在主焦点上工作

子光学望远镜的管理工作。

　　1983 年英国和荷兰联合投资的 1 米光学天文望远镜也安装在西班牙的加那利群岛上。1978 年原计划的 4.5 米光学天文望远镜在设计时发现造价过高，达一千八百万英镑，为了将经费压缩在一千万英镑内，英国将望远镜的口径缩小到 4.2 米并采用了苏联 6 米望远镜的地平式支架，同时英国争取到荷兰政府 20% 的投资，这台望远镜被命名为赫歇尔天文望远镜（图 17）。该望远镜于 1987 年完成，是当时世界上口径第三、仅次于苏联 6 米和海尔 5 米的大口径光学天文望远镜。不过这台望远镜已经不再属于后经典时期的望远镜了，它采用了十分先进的地平式支架形式。这台望远镜使天文学家第一次在光学波段观测到了伽马暴的爆发余晖。这架望远镜的重要性将在后面介绍。

　　1979 年加拿大、法国和夏威夷大学在夏威夷冒纳凯阿山顶上联合建造了一台 3.58 米的光学红外天文望远镜（图 18）。这台望远镜同样是一台马蹄轭式的赤道式经典望远镜，它有一个巨大马蹄形的极轴前轴承和两个强壮轭架连接的极轴后轴承。这台望远镜总重量 325 吨，圆顶室高度 38 米，直径 32 米。望远镜的台址在夏威夷山顶海拔 4200 米的最高峰，那是当时世界上新开发的国际天文观测基地。

　　现在夏威夷冒纳凯阿山顶已经成为世界上最有名的三大天文观测中心之一。另外两个天文中心分别是智利北部山区和西班牙西北的加那利岛。在这三个天文基地上密集地分布着世界上绝大多数大口径天文光学、红外和毫米波望远镜。三个天文中心的共同特点是都位于稳定洋流的东部海拔很高的山头上。台址均远远高出海平面，台址上空的气流全部来自开阔的洋面，十分平稳。近来在这个优良台址的名单中，又增加了南极大陆的名字。现在的测量表明，我国西藏阿里地区和青海冷湖地区也是相当优秀的光学天文台候选台址。

说起夏威夷天文观测中心的开发还要从 1960 年开始。夏威夷是美国的第 50 个州，这是一个群岛的名称，包括很多小岛，而其中最大的一个岛屿就是夏威夷岛。夏威夷岛上有一座经常爆发的活火山，常年有火山岩浆从地下喷出。夏威夷岛地处热带，岛上气温宜人、风景优美，是一个旅游度假的胜地，经济来源主要是旅游业。

1960 年 5 月 22 日下午 3 点，智利首都圣地亚哥南部 570 千米的山区发生了一次 9.5 级特大地震，这是一系列地震中最大的一次。事实上在一天之前就已经发生了一次较大的地震。22 日当天智利总统取消一切仪式来领导抗震活动。次日又发生了两次地震，不过都没有 22 日下午的地震剧烈。

这次地震非常强烈，以至于一艘停泊在河口的船只在震后被发现已经沉没在河流的上游 1.5 千米远的地方。地震的巨大破坏力引起一次很大的海啸，海啸带来的海浪达到破纪录的高度 25 米。这次大海啸严重地波及智利、夏威夷、日本、菲律宾、新西兰和澳大利亚。当海啸到达夏威夷时，海浪仍然高达 10.7 米。海啸冲毁了夏威夷大岛希洛镇的所有低矮地区，大大摧毁了这个大岛原本十分脆弱的农业经济（图 19）。

图 19　1960 年地震后的智利街区和地震后大海啸所摧毁的夏威夷岛希洛镇

几年后的 1964 年，夏威夷岛的商业部向外界发出邀请函来征求促进当地经济发展的可行方案。但是他们的努力仅仅收到了一份回应。这份回应来自千里之外的亚利桑那大学行星科学系。他们建议在夏威夷山顶上发展光学天文观测，以吸引世界上各国天文台来山顶安装建设光学天文望远镜。同年夏威夷商业部接受了这个建议，在夏威夷山顶建立了一个面积很大的科学保护区专门提供给各国天文台使用。

1964 年一台口径 60 厘米的空军光学望远镜首先入驻山顶。夏威夷大岛的冒纳凯阿海拔高度 4200 米，远远高出所有的云层。山顶上大气层稀薄，空气十分干燥，山顶上的气流全部来自周围的太平洋海面，非常平稳，没有任何湍流。山顶的大气视宁度仅仅 0.4 角秒左右，不到一般天文台台址的一半。刚一登上这个山顶，天文学家立刻就意识到夏威夷的冒纳凯阿是他们已知的最好的天文台台址之一。

1965 年当地政府修建了通往山顶的专门公路，只要一个小时人们就可以从海平面直接到达海拔 4200 米的山顶。因为山顶空气中的氧气含量仅仅是海平面的40%，所以在沿途海拔 3000 米的半山腰专门修建了供天文学家休息的宿舍区。为了防止严重的高山反应，天文学家必须在半山腰休息至少一个晚上，才能去山顶区域工作。

1973 年，加拿大－法国－夏威夷 3.58米光学红外天文望远镜在山顶成功安装。此后又安装了英国 3.8 米红外天文望远镜、英国－荷兰 15 米毫米波天文望远镜、25米长基线干涉仪射电望远镜、两台凯克 10米拼合镜面光学红外望远镜、亚毫米波望远镜阵、日本昴星团 8.2 米光学天文望远

图 20　现在夏威夷山顶上的天文望远镜群

镜等。因此这个山顶已经形成一个新的国际天文观测中心（图 20）。

2004 年，夏威夷当地政府觉察到山顶上望远镜的数量增加得太快会影响夏威

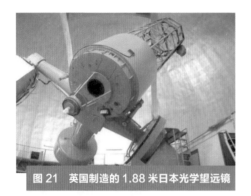

图 21 英国制造的 1.88 米日本光学望远镜

图 22 智利 2.5 米杜邦光学望远镜

图 23 英国制造的阿根廷圣胡安天文台2.15米光学天文望远镜

夷岛的自然形态，不利于旅游业的发展，所以不再同意在山顶上增加新的天文望远镜。尽管如此，2011 年夏威夷政府还是特别批准了当时正处在设计中的 30 米拼合镜面光学望远镜在山顶上建造的计划。这可能是可以在山顶落户的最后一台特大口径天文望远镜。后来当地民众又爆发了抗议山顶望远镜建设的静坐示威活动，政府当局又发生改变决定的复杂情况。30 米望远镜的真正建设还存在很多不确定的因素。

在后经典光学望远镜之中，还应该包括很多其他国家的光学望远镜。其中有 1966 年英国公司生产的 1.88 米日本光学望远镜（图 21）、1977 年智利 2.5 米杜邦光学望远镜（图 22）、1979 年墨西哥自行设计和制造的 2.12 米光学望远镜、1987 年阿根廷购买的 2.15 米光学望远镜（图 23）、1987 年完成的北京天文台 2.16 米和上海天文台的 1.56 米光学望远镜。墨西哥和中国的这三台光学望远镜的建设过程将在后面介绍。除了智利的望远镜，所有这些光学望远镜全部都是经典的赤道式设计。

06

欧洲南方
天文台的建立

欧亚大陆是世界上一块面积最大的陆地板块。在欧亚大陆的东西边缘各有一个岛国，在亚洲边缘的岛国是日本，而处在欧洲边缘的岛国是英国。

英国在光学天文望远镜方面曾经是实力最强的国家之一，它也一直喜欢单打独干。早在 1950 年代，英国已经积极做出了北半球的三台大、中、小光学天文望远镜和南半球一台 3.8 米光学天文望远镜的长期规划。

相比英国当时的经济实力，大多数欧洲大陆国家，包括德国和法国，在天文光学望远镜所需的巨大投资面前均显得力不从心。为此 1953 年荷兰天文学家奥尔特首先倡议建立一个欧洲联合天文台，这个倡议获得了不少国家的热烈响应。1954 年欧洲 6 个国家的代表举行会议，正式建议联合建立一个统一的欧洲天文台。由于欧洲本土的潮湿气候根本不适宜于光学天文台的建设，所以台址决定设立在南半球的某一个地方。

1962 年欧洲 8 个国家的代表正式签订协议，共同建立欧洲南方天文台。这 8 个国家分别是比利时、瑞典、法国、德国、荷兰、丹麦、意大利和瑞士。之后葡萄牙、芬兰、西班牙和捷克也先后参加进来，现在欧洲南方天文台共有 13 个成员国家。在新世纪，英国的经济终于独自撑不住了，只能挤进人多势众的欧洲南方天文台中。为此英国为欧南台建造了一台 4 米天文可见光及红外巡天望远镜（VISTA），作为入门的"投名状"。

当年新建立的欧洲南方天文台在观测台址调研上花费了不少精力。他们首先将天文台台址目标投向非洲撒哈拉沙漠以南区域，先后派出几批天文学家在非洲大陆进行调查和测量。但由于当时他们不了解平稳洋流对天文台址的重要影响，因此对非洲山地测量的结果十分失望。直到后来获得在智利工作的斯托克博士的直接帮助，才终于将欧洲南方天文台的观测台站设立在南美洲的智利北部拉西亚 3000 多米高度上的山区中，这个山区临近一个海港城市拉塞雷纳。在这个观测天文台址附近，为了欧南台人员的往返，还专门建立了一个小型飞机场。1991 年，笔者曾经在拉西亚山区度过 6 个月。智利本土的员工是乘坐卧铺大巴上下班，而来自欧洲的员工则是乘坐小飞机往返上班。交通分等级，工资差别就更大了，这是后话。

根据欧洲南方天文台当时的规模，他们的第一个目标是要建造一台口径 3 米左右的光学天文望远镜，这个口径与当时世界第二大口径的沙恩光学望远镜的相同。为此他们参观了美国新建成的 3 米沙恩光学望远镜。当时的经典光学天文望远镜十分注重主焦点的作用，天文学家要亲自站在主焦点的附近进行目视跟踪观测。经过实地考察，欧洲南方天文台的天文学家发现 3 米光学望远镜的主焦室空间非常狭小，不适宜高大的欧洲人在内部长期工作，因此他们选择了稍大于 3 米的 3.6 米望远镜口径。

1969 年欧洲南方天文台的 3.6 米光学望远镜开始建设，1977 年望远镜在智利山区拉西亚建成（图 24）。这台经典赤道式光学天文望远镜主镜为熔融石英材料，镜坯重达 13.6 吨。主镜是法国光学公司 REOSC 加工磨制的。这个公司同时承担了加拿大 - 法国 - 夏威夷望远镜主镜的加工。这架望远镜赤道式支架的机械部分由欧洲核物理研究中心 CERN 与欧洲太空研究组织 ESRO（欧洲空间局 ESA 的前身）负责设计和制造。

图 24　欧洲南方天文台的 3.6 米光学望远镜

　　整个 3.6 米光学天文望远镜的重量达 440 吨，台址海拔高度为 2400 米。所有这些数据和美国国家光学天文台的两台 4 米光学天文望远镜的数据十分接近。3.6 米望远镜的主镜使用了当时很小的主焦比 3，使望远镜镜筒长度缩短了一大截。当时在这台 3.6 米天文光学望远镜上负责光学部分的是从蔡司公司调入欧洲南方台的威尔逊。他参加了对这台望远镜的光学性能的评估工作，发现如果镜面比较薄，同时镜面的支撑力可以调整，那么望远镜的性能将可能获得改善。后来这台望远镜成了主动光学和自适应光学的主要试验用望远镜，在其上试验过不少新的波阵面传感器。

　　威尔逊后来主导了 3.6 米新技术望远镜的建设，使光学天文望远镜从被动的仪器发展为主动的可以调整的新型光学仪器。1990 年笔者在 3.6 米光学望远镜上调查它的指向问题期间，发现望远镜的副镜有严重松动的现象。之后欧洲南方台对 3.6 米光学望远镜的副镜及顶端结构进行了重大整修。

　　拉西亚山顶天文台临近智利的小城市拉赛雷纳，距离智利首都圣地亚哥 600 千米。台址状况和基特峰天文台也十分相近，附近非常干燥，台址周围只有球形仙人掌和一些耐干旱的小草。3.6 米光学望远镜安装之后，又陆续安装了其他多台光

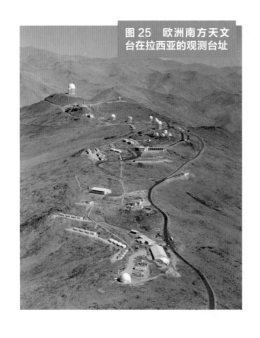

图 25　欧洲南方天文台在拉西亚的观测台址

学望远镜和一台 15 米口径的毫米波天文望远镜。后来的 3.5 米新技术光学望远镜也安装在这个台址上。这个台址一度成为世界上天文望远镜最多的地方（图 25）。

1984 年，德国和西班牙合作又建成了一台 3.5 米光学天文望远镜，这台望远镜被安装在西班牙的卡拉阿托山区（图 26）。这基本上是最后一台大口径赤道式支架的光学天文望远镜。

在这一波 4 米级光学天文望远镜建造热潮中，还有一台从来没有使用过、甚至从来没有被真正安装的 3.5 米伊拉克光学天文望远镜。伊拉克的这台大口径光学望远镜，属于伊拉克国家天文台，应该和 3.5 米德国西班牙望远镜结构十分相似。伊拉克是一个资源十分丰富的国家，1960 年代伊拉克政府资金充足，对天文研究也十分重视，他们的政府一下子投入 1.6 亿美元巨资用于天文望远镜的建设，同时购买了三台大型天文望远镜，它们分别是 3.5 米光学望远镜、1.25 米光学天文望远镜和一台 30 米毫米波天文望远镜。伊拉克国家天文台所选择的台址位于两伊边界，天文台建设进展很快，到 1980 年 1.25 米光学望远镜已经安装完成，3.5 米光学天文望远镜的巨大圆顶也已经完成，30 米毫米波望远镜也已经安装完成。

然而在长达八年的两伊战争中，天文台址多次受到了伊朗导弹的轰炸。由德国公司建成的 30 米毫米波天文望远镜首当其冲，被导弹一举炸平。由于天文台在战时无人管理，安装完成的 1.25 米光学望远镜在战争期间，零部件几乎被洗劫一空。而 3.5 米光学天文望远镜的部件因为还没有进行安装，主要零部件可能还存放在首

图 26　3.5 米德国西班牙光学天文望远镜

都巴格达的某处。根据文献记载伊拉克 3.5 米光学望远镜的镜面材料是由德国肖特玻璃公司生产的微晶玻璃，直径厚度比为 6，主镜焦比为 3。望远镜的设计和生产由德国蔡司公司主持，赤道式支架为马蹄式形式。由于望远镜一直没有安装，所以没有留下任何有关望远镜的照片。现在 3.5 米赤道式光学望远镜的大圆顶室还依然存在，不过按照现代天文光学望远镜的设计，这个巨大的圆顶室甚至可以容纳下一台 6 米级的现代光学天文望远镜。

07

中国光学望远镜的发展

在所有中小口径的后经典光学天文望远镜中，有三台比较特殊的望远镜，这就是由发展中国家自行设计并且自己制造成功的墨西哥2.12米（1987年）、北京天文台2.16米（1989年）和上海天文台1.56米（1987年）光学天文望远镜。这些望远镜均是在20世纪60年代开始计划的。那个时候，世界上3到4米的光学望远镜寥寥无几，2.12米和2.16米的口径仍然可以在世界上排在前十名。不过等到它们完成的时候，这些望远镜已经被

图 27　墨西哥自行设计的 2.12 米光学望远镜

图 28　北京天文台 2.16 米光学望远镜

图 29　上海天文台
1.56 米光学望远镜

几十台其他望远镜所超越，所以它们并没有引起国际天文界的很大重视。

墨西哥是第一个独立完成中等口径天文望远镜的发展中的国家。和中国十分相似，墨西哥很早就发展出了历史悠久的玛雅文明。然而后来来自欧洲的新大陆发现者们完全破坏了墨西哥的本地文化。1929年墨西哥成立现代意义的国家天文台。1974 年到 1979 年间，墨西哥独立完成了 2.12 米光学天文望远镜的设计和制造，口径比中国当时正在建设的 2.16 米望远镜仅仅小了 4 厘米。它装配有三个不同的副镜。墨西哥光学望远镜开始建造的时间比中国晚，但望远镜的完成时间比中国早。它的主镜三个轴向定位点在和镜面底面平行的方向上安装了三个滚珠轴承，使得当镜面和支撑结构出现尺寸差异时，允许支撑点和镜面之间因为温度变化而产生微小相对位移。这台望远镜的建造极大地锻炼了墨西哥的光学人才，不久墨西哥的光学专家马拉卡拉出版了一本影响很大的《光学检测方法》，他很快就成为了国际上非常有影响力的光学专家。

中国是另一个发展中的国家。她曾经经历了一个多世纪的列强干涉，战乱不断。中国现代天文学起步很晚。1900 年来自欧洲的传教士在上海徐家汇首先建立了第一座天文台。1904 年山东广文大学建立天文科，1917 年学科并入齐鲁大学天文算学系。1927 年中山大学建立了数学天文系，1929 年该大学建立学校天文台。1934 年中国才建立了自己的国家天文台——紫金山天文台。建台以后，当年就从德国蔡司公司购买了一台亚洲最大的 60 厘米反射光学望远镜。这时南京人口并不多，加上灯火暗淡，天文台就建设在紫金山第二高峰上。天文台独特的建筑风格形成了一座非常有中国特色的现代天文台（图 30）。

不过好景不长，紫金山天文台刚刚建成，1937 年就发生了"七七"卢沟桥事变，日本将侵略战火燃烧到整个中国。为了躲避战争，这台望远镜安装以后没有进行过一次天文观测。天文学家连同望远镜的镜头不得不向西南内地的大后方辗转迁移。

八年后，日本投降，天文学家重返紫金山顶。这座离开时刚刚建成的天文台已经是疮痍满目，荒芜凄楚。0.6 米光学天文望远镜的圆顶上布满了枪弹的弹孔，原来完好的望远镜结构只剩下一个孤零零的基座。所有留下的部件和其他天文仪器全

图 30　位于南京紫金山顶的天文台门楼

不见踪影，其他天文台中十分珍贵的文物、仪器和中外文图书很多都已丢失。今天的日本，许多博物馆都保存有中国的各种文物和资料。天文台的恢复工作就是在这种条件下艰难起步的。

1949年4月南京解放，在紫金山天文台台长张钰哲和全体工作人员的保护下，天文台中抢救下来的仪器和图书均没有再受到破坏。新政权的到来没有中断紫金山天文台的工作，天文台台长依然继续担任旧职。

1952年原中山大学数学天文系、齐鲁大学天文算学系、南京高等师范学校、国立东南大学和国立中央大学天文系组合后合并为南京大学天文系，现在已经成为南京大学天文与空间科学学院。此后中国科学院又陆续增建了上海天文台、云南天文台和北京天文台。在天文教育方面，增加了北京师范大学天文系（1960）、北京大学天文系(2000)、中国科学技术大学天文系(2009)、厦门大学天文系(2012)、云南大学天文系（2013）等等。目前国内几乎所有重要大学均设立了天文中心或者天文专业。

为了培养在光学天文望远镜方面的人才，1956年中国向苏联专门派出了在天文望远镜领域的研究生和进修生，这些人员部分参加了苏联6米光学望远镜的研究设计工作。其中比较有名的是杨士杰和潘君骅。

1958年中国科学院在南京成立了南京天文仪器厂。1965年天仪厂从紫金山天文台正式分离出来。建立天文仪器厂的宗旨是服务于"大型天文精密观测设备的研制"，这是一个与基础科学、国防科研以及空间技术密切相关的研究基地。南京天文仪器厂的建立为中国的光学天文望远镜的研究制造提供了很好的支持。建厂以后正值"文化大革命"，中国的2.16米光学天文望远镜的工作进度受到了影响。不过该厂仍然为我国各天文台站提供了绝大多数的天文观测仪器。

天仪厂早期的主要人才有胡宁生、苏定强、李德培、李挺、包可人等。他们中不少是南京大学天文系的毕业生，有的还曾经是业余天文望远镜的发烧友。后来胡企干、潘君骅等也增加进来。

1978 年中国进入改革开放阶段。天文仪器厂招收了一批光学天文方面的研究生，他们包括梁明、邵联贞、姚正秋、曹昌新、崔向群、高必列、陈汉良等，其中两人分别被派到英国格林尼治天文台和欧洲南方天文台进修。他们中的一部分人成为下一代的光学天文望远镜专家。

经过天仪厂几代人不懈的努力，虽然白手起家，却已经在望远镜光机设计和加工、望远镜传动控制技术方面打下了很好的基础，并掌握了光学设计、光学镀膜、干涉偏振滤光器、高精度大口径轴承和感应同步器等先进技术。到 20 世纪末，国内几乎所有天文台的观测仪器都来源于这家研制单位。他们所研制的仪器包括 2.16 米光学天文望远镜、1.2 米红外天文望远镜、13.7 米毫米波天文望远镜、太阳望远镜（太阳塔）、球载红外望远镜、天顶筒、等高仪等等。他们还出口西班牙两台大口径光学天文望远镜。在技术理论方面，主要出版的专著有《天文望远镜原理和设计》和《天文望远镜设计》等。在新世纪开始的时候，他们又完成了具有国际先进水平的反射施密特天文望远镜——郭守敬望远镜。

中国天文界的光学望远镜专家还包括上海天文台的朱能鸿和紫金山天文台的杨士杰。朱能鸿在上海建造了一台 1.56 米光学天文望远镜并因此成名。杨士杰曾经作为进修生在苏联天文台学习过，长期在山洞内研究陶瓷材料磨制光学镜面可行性。

为了建设 2.16 米光学天文望远镜，必须浇铸膨胀率低的微晶玻璃。上海新沪玻璃厂为此专门进行试制，成功制成了性能优良的微晶玻璃镜坯。这些镜坯每块都价值几百万元。有一块大镜坯在车间吊装时因为起吊钢绳的角度太大导致钢绳断裂而被打坏。这次事故发生后，负责吊装的工程师被处以留厂察看。

08
6 米地平式望远镜

自 1948 年以来，美国海尔 5 米望远镜一直是世界上口径最大的光学天文望远镜。第二次世界大战后苏联的综合国力得到迅速恢复。在空间技术方面，苏联的发展速度领先于世界，走到了美国的前面。在天文学科和天文望远镜的制造方面，美国和苏联

图 31　普尔科沃天文台成立 150 周年纪念邮票

具有相似的历史。美国海军天文台建立于 1845 年，而俄国普尔科沃天文台建立于 1839 年。早在 1889 年，普尔科沃天文台的 76 厘米折射光学望远镜也曾经是当时世界上口径最大的折射光学天文望远镜。

为了显示苏联的国家实力和先进科技水平，20 世纪 50 年代，苏联科学院就决定要建造一台世界上口径最大的天文光学望远镜。1959 年这台大口径光学天文望

图 32 经过加工以后的 6 米直径的玻璃镜面，它的背面有 60 个加工后的不通孔

远镜的设计工作在普尔科沃天文台正式启动。担任这一重要工作的是一名列宁奖章获得者。因为海尔望远镜的口径是 5 米，所以苏联定下来的口径目标是 6 米。在当时这大概是在倾斜情况下不至于产生过大形变的镜面的最大直径了。

1960 年苏联政府正式批准了 6 米光学天文望远镜的研制计划。几乎同时，6 米镜坯的浇铸工作也正式启动。苏联采用的是实心硼玻璃厚镜面，镜面没有预留减重孔，镜坯总重量高达 70 吨，几乎是海尔 5 米望远镜镜面重量的五倍。为了浇铸这块巨大的镜坯，准备工作整整进行了 3 年。不过由于镜面厚度太大，从熔液到固体，再加上温度下降，体积的收缩率非常大，所以特别难消除玻璃内的温度应力。这就注定了镜面成品质量会有严重缺陷。

整个光学镜面部分的进展并不一帆风顺。6 米镜面的浇铸和磨制工作加起来一共进行了 11 年。为了减轻镜面重量，在镜面背面一共加工了 60 个盲孔。这样加工以后的镜面重量是 42 吨（图 32），成为世界上最重的一块镜面。到 1974 年，主镜镜面才勉强通过最后验收。

6 米望远镜一开始走的是相当保守的经典光学望远镜的设计路线。他们的原意就是简单地将 5 米海尔望远镜的尺寸相应地进行放大。它的镜面直径 6.05 米，镜面厚度 0.65 米，直径厚度比为 10，和海尔望远镜一样保守。同时望远镜主焦比很大，达到 4，比海尔望远镜更保守，所以主焦焦距达 24.2 米。焦距长，镜筒也相应变长，达 26 米。这台望远镜只有主焦点，没有副镜。镜筒的桁架采用了传统的称为等弯沉的经典设计，八根粗大的钢管支撑着力臂长且沉重的主焦点装置。为了使镜筒两端的重力变形相等，不引入任何倾斜量，镜筒的中心块距离主镜室比较远。

在望远镜的设计初期，所选择的支撑也是传统的赤道马蹄轭式结构。由于这种赤道式结构需要十分庞大的圆顶来保证望远镜的活动范围，所以这台望远镜的圆顶保留了早期原来的设计和尺寸。不过在马蹄结构设计细化的过程中，他们发现庞大而沉重的马蹄轭式支撑会因为镜筒的重量产生不能改正的永久变形。迫不得已，他们最后抛弃了赤道马蹄轭式的支撑结构，革命性地采用了全新的地平式支撑形式。

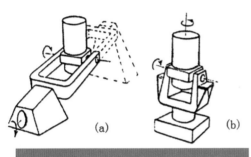

地平式的支撑结构就是一种将原来倾斜的极轴和叉臂式的支撑机构通过旋转转移到竖直方向的位置上（图 33）。俗话说"立杆撑千斤"，简单的一个旋转就将原来的悬臂梁的纯弯曲变形改变为在竖直方向上的纯压缩变形。相当小的直立的叉臂结构就可以

图 33　（a）赤道叉式和（b）地平式天文望远镜的支撑系统

支撑非常沉重的望远镜镜筒的重量，而所产生的压缩变形量仅仅是弯曲变形量的很少一部分。这样不但结构本身重量大大减轻，而且望远镜光学系统的准直性能也获得极大提高。

作为现代结构设计的一个副产品，地平式支撑时由于它的高度轴转动中心的空间位置一直保持不变，极大地减少了望远镜所需要的活动空间。因此地平式望远镜所需要的圆顶尺寸仅仅是赤道式望远镜的几分之一。由于在当时 6 米光学望远镜圆顶已经接近完成，设计不可以改变，所以现在可以看到在 6 米望远镜的结构和圆顶

之间，留有一道常人无法理解的高达 12 米的自由空间带。这个不相称的圆顶高度达 53 米，直径近 96 米。如果在半径上去掉这 12 米尺寸，直径将只有 72 米，高度也会减少到 41 米，圆顶的造价至少要节约三分之一。

　　山重水复疑无路，柳暗花明又一村。苏联 6 米光学望远镜的发展实现了一个重大的革命，它为现代更大口径的光学天文望远镜开辟了一条新道路。从此以后光学天文望远镜大多都采用了地平式支撑系统。一个巧妙的角度旋转，使望远镜的发展进入了现代天文望远镜的新阶段。

　　地平坐标和赤道坐标之间有一个复杂的变换关系。在地平望远镜中，对恒星的跟踪需要两个轴同时协调地转动，这就必须依靠现代电子计算机对传动系统的控制。为此

图 34　原苏联的 6 面地平式天文望远镜

苏联格山计算机厂专门为这架大口径地平式望远镜制造了一台 M122 型的早期电子计算机用于传动系统的控制。当时这台计算机的存储器容量只有可怜的 16 KB。这架光学望远镜最后安装在苏联北高加索山的山顶上（图 34）。

苏联 6 米光学天文望远镜于 1975 年首次进行天文观测。遗憾的是望远镜第一块硼玻璃镜面质量很差，表面有明显裂纹。为了不影响成像质量，有裂纹的地方用两块黑布进行遮挡，所以减少了望远镜的有效通光面积。镜子表面裂纹也大大影响了镜面光学抛光的精度，主镜反射光中只有 60% 的能量可以聚集在 0.5 角秒范围内，91% 的能量聚集在 1 角秒范围内。

1978 年 6 米光学天文望远镜换上了第二块光学镜面。这块新镜面表面没有明显缺陷，镜面精度也提高很多。但是由于望远镜台址处在欧亚大陆的内地，当地的大气视宁度是 1.5 角秒，台址处的星像条件远不如夏威夷和智利山区。同时气候条件也大大地限制了望远镜的有效观测时间。望远镜同时受到圆顶和镜面热惯性的限制。当圆顶内温度和环境温度相差超过 10 ℃时，天文观测就不能正常进行。要解决这个问题，只有使用膨胀系数更低的镜面材料，或者在圆顶内部增加降温设备对望远镜进行预冷却。这架 6 米光学天文望远镜尽管存在这样或那样的缺陷，但是它的观测星等仍然可以达到非常暗的 26 等（星等数越高表示星的亮度越低），特别适用于光谱观测以及高分辨率的现代斑点干涉成像工作。

1975 年 6 米地平式天文望远镜落成时，世界上口径超过 3 米的望远镜还只有5 台，分别是苏联 6 米、美国 5 米、美国国家光学天文台的两台 4 米以及利克天文台 3 米尚恩望远镜。1993 年第一台 10 米凯克望远镜落成后，6 米光学望远镜就不再是世界上口径第一的光学天文望远镜了。

由于政治方面的原因，这台 6 米望远镜的镜面质量一直受到西方学者的嘲笑。尽管如此，在现代光学天文望远镜的发展史上，这台望远镜有着不可动摇的重要地位，它是现代光学天文望远镜的先驱。从这台望远镜之后，光学天文望远镜全面进入了现代光学天文望远镜的新时代。

在新世纪，为了提高 6 米地平式望远镜的观测效率，普尔科沃天文台在 2007 年决定将更换下来的第一块镜面进行重新磨制加工。这一次整整磨去了表面 8 毫米厚的玻璃材料，镜面精度获得极大的提高。2013 年经过加工修复的第一块镜面被安装到望远镜上，整个镜面的修复工作耗资 500 万欧元。6 米望远镜迎来了新的生机。

09

光学镜面
材料和技术

在天文光学望远镜的发展中，最关键的部件就是主镜镜面。主镜镜面支持着一层很薄但十分精密的电磁波反射层。这个反射层收集和聚焦了来自天体的光学信息。为了有效地完成这个任务，主镜的表面精度应该是光波波长的二十分之一左右。可

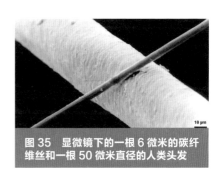

图 35　显微镜下的一根 6 微米的碳纤维丝和一根 50 微米直径的人类头发

见光的波长大约是 0.5 微米，红光的波长略微长一些，蓝光的波长略微短一些。微米是一个很小的长度单位。举一个形象的例子，一根人类头发的直径大概是 50 微米（图 35），这大约是可见光波长的 100 倍，而一张普通的纸的厚度是 100 微米。所以光学镜面的表面精度必须保持在人类头发丝直径的 1/2000，同时还要求镜面坚固、稳定、具有高反射率。

2.54 米利克光学望远镜的经验表明，当主镜镜面内具有不同温度分布时，镜面表面形状就会导致很大误差。所以主镜材料必须具有很低的热膨胀系数。

经典反射光学望远镜的镜面材料是从青铜合金开始发展的，青铜合金的使用年代大约从 1660 年到 1860 年。青铜镜面反射率低，一般在 15% 左右。最好的新鲜青铜表面在可见光的中心区域可以达到 66% 的反射率，而在紫光区域反射率只有 20% 到 40%。因为镜面的反射率太低，所以赫歇尔不得不摘除牛顿光学系统中的 45 度小反射镜，将主镜倾斜，直接在镜筒边缘成像。

1860 年到 1935 年期间，在玻璃表面上镀银技术的发展使玻璃镀银镜面开始用于反射光学天文望远镜中。镀银表面具有非常高的反射率，同时玻璃材料可以进行反复抛光，重新镀银。不过银表面在潮湿环境中容易变黑，对银表面的保护在当时一直没有任何进展。新鲜镀银面的反射率比青铜表面高，约 50% 以上。而最好的镀银面反射率能达到 90% 以上。镀银表面在紫外区域（波长小于 320 纳米）反射率很低。

1935 年以后直到现在，光学望远镜均采用在镜面上真空镀铝的表面技术。最早真空镀铝的实验是在 1912 年，早期技术距离实际应用有很大的差距。直到 1930 年，美国人斯通取得了关键性的突破。与镀银不同，熔化的铝可以附着在高温加热的钨丝上面，镀铝技术这时才发展得十分成熟。同样可以作为镜面的金属有银、金、铜、铑和铂。现在光学望远镜的镀膜技术已经又有了新的突破，利用溅射技术可以提高镀层的附着力，可以涂镀多种材料的表面镀层。一种可以在银镀层的表面镀上很薄的保护铝膜的技术已经十分成熟。这种保护层的吸收率在红外区域只有 0.1%，在可见光区域也只有 1.6%。对于附着力差的镜面或者镀层，则可以先在镜面表面镀上金属铬镍，然后再镀上其他材料。所以天文光学望远镜的反射面即将进入复合镀层的新时代。

玻璃镜面一开始所使用的是普通冕牌玻璃材料，热膨胀系数在百万分之十左右。从 1930 年代开始，膨胀系数更低的玻璃材料不断出现。先出现的是硼玻璃材料，后来所使用的分别是熔融石英、微晶玻璃和超低膨胀玻璃。其中超低膨胀玻璃是通过在熔融石英中增加钛元素后获得的，这种材料具有最低的热膨胀系数。目前仅有非常少的玻璃公司能够生产这些大口径的低膨胀玻璃材料镜坯。

2.54 米的胡克天文望远镜在研制时使用了冕牌玻璃的镜坯，热膨胀系数大，望远镜镜面的温度变形严重地影响了观测质量。

1893 年德国肖特公司发明了低膨胀系数的硼玻璃材料，取名为杜兰。1915 年美国康宁公司也独立地发明了这种硼玻璃，取名派热克斯。硼玻璃的热膨胀系数是普通玻璃材料的三分之一。1932 年康宁公司为麦克唐纳天文台生产了一个 2.08 米的派热克斯玻璃镜坯。1933 年又生产了一个 1.88 米的镜坯。后来海尔 5 米光学天文望远镜也使用了硼玻璃做主镜，为了节约材料和改善像质，采用了在镜面背面增加减重孔的结构。尽管如此，镜面仍然受到温度变形的影响。苏联的 6 米望远镜也使用了硼玻璃材料的主镜镜面。直径 6 米的厚重主镜由于铸造时内部产生很高的应力，所以它的表面有明显的裂纹，降低了望远镜口径的利用率。

硼玻璃实心镜面的最大口径一般应该只有 40 厘米左右。更大口径的硼玻璃镜面就必须采用一定的减重措施以减少镜面的热时间常数。硼玻璃在早期海尔望远镜和苏联 6 米光学望远镜上使用以后，几乎在大口径光学天文望远镜上销声匿迹。一直到 20 世纪的 80 年代以后，安杰尔发明了具有三明治形式的硼玻璃蜂窝旋转浇铸镜面，这种材料才又重新进入大口径光学天文望远镜的应用之中。

硼玻璃材料仍然不适宜用于口径 2 米以上望远镜的需要。这时必须使用更低膨胀系数的材料。

熔融石英又称为熔融水晶，是一种非晶态的二氧化硅（图 36）。制造熔融石英镜坯与普通玻璃镜坯有两点不同：一是它的熔点非常高，约 2000 度的高温；二是它的熔融液黏度很大，所以无法像其他玻璃镜面一样浇铸成型，需要在高温下压力成型，制成相对较小的镜坯。

熔融石英的热膨胀系数低于百万分之一，是大口径镜面的最佳材料之一。小块

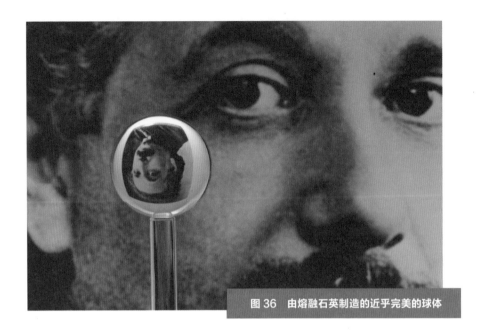

图 36　由熔融石英制造的近乎完美的球体

的熔融石英镜坯比较容易制造，制造大镜坯需要一种新工艺。通常将所有子镜坯加工成正六边形，依次放入大口径的熔炉内，将子镜坯拼成一面大口径镜坯。然后将炉内温度升高到 1800 ℃以上，随后又迅速降温。经过几次反复，使各个子镜坯相互熔合并迅速固化形成所需要的大镜坯。在熔合时要注意子镜坯在竖直面方向上的密封，以避免子镜坯之间的材料流动。

　　熔融石英材料无色透明，在可见光特别是短波段的透射率很高，它是一种非常重要的制造大透镜、密封窗口的材料。熔融石英材料和人们通常所说的水晶玻璃不同，人们通常说的水晶玻璃只是一种晶质含铅的玻璃，如 K9 玻璃。一些高铅的水晶玻璃常常用来仿制天然的宝石产品。而水晶则是指一些天然晶体形状的石英。

　　微晶玻璃是另一种低膨胀材料。它是 1954 年无意之中发明的，当时康宁公司的一名工人将普通玻璃在炉子中保温的温度从 400 ℃错调到 900 ℃，当他发现这个错误时，已经过了很长时间。于是他赶紧将玻璃取出，然而这块玻璃掉在地上时，并没有破裂，反而被弹跳起来。他们发现这块玻璃材料的刚度等一些力学特性非常优越，从此出现了微晶玻璃材料。微晶玻璃是一种具有晶体状的玻璃陶瓷，它的晶化率在 70% 左右，而其他部分仍然是普通的玻璃态。玻璃态部分具有正膨胀系数，而晶体态部分则具有负膨胀系数。通过调整不同形态材料的比例，可以实现接近于零的热膨胀系数，经过优化后微晶玻璃的膨胀系数可以达到 $0.003 \times 10^{-6}/℃$。微晶玻璃的膨胀系数常常是温度的函数，温度每变化一摄氏度，材料的膨胀系数就改变二亿分之一。

微晶玻璃的制造分为两个步骤：第一步，制造一块普通玻璃材料镜面。不过通常还会在玻璃材料中加入少量能够产生结晶的种子材料，如二氧化钛或者二氧化锆。第二步，将已经制成的玻璃重新加热到 800 ℃以上。在 800 ℃时玻璃内部将开始产生晶粒，而达到 1000 ℃时就会在材料中迅速产生大量晶粒。通过对玻璃温度的控制，可以调整材料中呈晶体状态部分的比例，从而控制镜坯的热膨胀系数。微晶玻璃是一种晶体化材料，在冷却时会产生一定应力，所以它很难浇铸厚度差别大，形状特殊的镜坯。微晶玻璃镜面的减重孔不能够直接浇铸，但是可以在浇铸后加工产生。

微晶玻璃的制造主要有两个要点，分别是原料配比和工艺设计。其中，工艺的设计是获得成功的关键。在 1960 年代，我国新沪玻璃厂曾经成功地生产了好几块直径 2 米的微晶玻璃镜坯，但是在这以后，已经有半个世纪没有再生产这种特殊的大块材料。目前中国已经成为世界上小尺寸家用微晶玻璃材料的生产大国，但是却不能生产这种材料的大口径光学天文望远镜镜坯，这已经成为我国光学天文望远镜制造中的一个主要困难。

超低膨胀材料（ULE）是康宁公司生产的一种含氧化钛的熔融石英。它的生产过程和熔融石英材料基本相同，不过这种材料的膨胀系数更低，是 10^{-8} 的量级。超低膨胀材料是 1960 年代发明的，常常作为模具或者标准长度量块的材料。和融熔石英一样，它也不能直接浇铸成型。

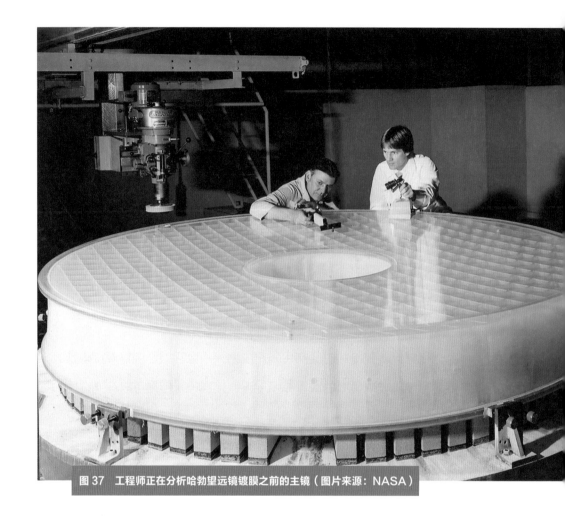

图 37　工程师正在分析哈勃望远镜镀膜之前的主镜（图片来源：NASA）

　　超低膨胀系数的几种玻璃材料，价格十分昂贵，每千克均在上千美元左右。为了节省经费，减轻镜面重量，也常常使用这些材料的平板构成三明治的镜面坯料。著名的哈勃空间望远镜主镜就是由熔融石英的上、下镜面，内、外环面，中间的鸡蛋格等部件，经过高温熔合而成的（图 37）。三明治材料具有十分优越的力学性能。它的抗弯性能和同样材料、同样厚度的实心板基本相同，而它的重量却只有实心板的几分之一甚至十几分之一。三明治镜面由于材料壁厚很小，热时间常数很小，因此可以使用热膨胀系数稍大的材料制造。

　　1985 年亚利桑那大学天文学家罗杰·安杰尔根据旋转中的液体会自然形成抛物面表面的理论提出了使用硼玻璃材料旋转浇铸蜂窝三明治镜面的设想，从而成功地制造了重量轻、刚度高、热性能好的蜂窝镜面。这种镜面的发展和使用将在后面专门介绍。

　　在光学望远镜上对镜面的温度变形的研究最早开始于赫歇尔时代，那时赫歇尔就已经发现了温度梯度对成像聚焦的影响。后来在 2.54 米胡克望远镜的镜面上，天文学家发现当温度下降时，表现出明显的边缘效应，使望远镜产生球差。1931 年库德指出当望远镜镜面温度发生变化时，镜面变形包括两个部分：一种是绝对温度变化所引起的焦距改变，另一种是镜面底部和上表面之间的温度梯度所引起的像斑的扩大。值得注意的是，仅仅 0.2 ℃上下表面之间的温度差所引起的影响将是第一种绝对温度效应的 100 倍以上。这时如果镜面中还存在半径方向上的温度差，那么就会产生非常严重的球差和非常复杂的镜面内应力。

　　由于镜面加工和支撑技术的不断发展，现在新的实心镜面的直径和厚度比也越来越大，经典镜面的径厚比已经从 6 发展到现在的 40 以上。为了避免镜面厚度不均匀所引起的镜面变形，很薄的主镜常常采用了形状比较稳定的等厚新月形的镜面形状。这种新月形镜面的坯料常常是将平板的镜坯放置在一个凸模具上使用不断上下调节的温度使镜坯逐渐软化贴合模具而获得的。在薄镜面制造中，浇铸所产生应力也较低，浇铸成功率也较高。

　　近几十年，在光学天文望远镜中还产生了另外一些可以作为望远镜镜坯的特殊材料。这些材料包括碳化硅材料、金属铍和碳纤维复合材料。

　　碳化硅并不是自然界中存在的材料。这种材料是 1891 年在电熔金刚石实验时，偶然发现的一种碳化物，当时它被误认为是金刚石的混合体，故取名为金刚砂。1893 年才发现它的工业生产方法。在以碳质材料为炉芯的电阻炉内，通电加热石英材料，即二氧化硅和碳的混合物会生成碳化硅材料。碳化硅比重低、硬度高、导热系数高、膨胀系数小，膨胀系数为 $2 \times 10^{-6}/℃$。

铍是元素表中的第四个元素。在金属中它的比重最轻，比刚度最高。它的膨胀系数不高，可以进行机械加工、抛光，形成精确的表面形状。它已经在空间光学红外望远镜中有了广泛的应用。

碳纤维复合材料是由碳纤维和环氧树脂共同形成的一种各向异性的新材料。它比重小，热膨胀系数低，强度和刚度都很高，特别适宜于镜面的复制，在航空和航天领域有大量应用。近年才开始应用于一些小口径的光学天文望远镜中。它的膨胀系数大约是 $0.2 \times 10^{-6}/℃$。

光学天文望远镜在工作过程中需要指向不同天区，这时望远镜必须具有精确的指向性能。这个指向精度常常要达到 1 角秒左右。1 角秒是一个非常小的角度，相当于在 1 米距离上偏离量不超过 5 微米。当使用光学准直装置来测量角度的话，在非常安静、没有任何振动的郊区环境中，如果有人对着光路轻轻地呼一口气，那么所测量的光路的偏差就可能超过了 1 角秒。如果用角秒来度量月亮的大小的话，月亮的视直径大约有 1800 角秒。

10
格林尼治天文台的聚会

20 世纪 70 年代，是光学天文望远镜发展的一个转折点。在这期间，几乎每年都会有较大口径的光学天文望远镜的落成。1973 年美国基特峰天文台 4 米望远镜落成，1974 年泛美天文台 4 米望远镜落成，1975 年英澳 3.9 米和苏联 6 米地平式光学望远镜落成，1977 年欧洲南方台 3.6 米光学望远镜落成，1978 年英国 3.8 米红外望远镜落成，1979 年加拿大－法国－夏威夷 3.6 米红外望远镜落成，同年美国一架同样采用地平式支架，将 6 个口径 1.8 米的小镜筒捆绑在一起的多镜面地平式望远镜落成，建成后的总口径面积相当于 4.5 米的望远镜。

这时英国格林尼治天文台正在设计 4.2 米赫歇尔光学天文望远镜；这台望远镜将是第三台使用地平式支架的大口径光学天文望远镜。当时德国蔡司公司正在为一台从来没有安装的伊拉克 3.5 米光学望远镜紧张地忙碌着，德国和西班牙的工程师也正在安装他们在西班牙的 3.5 米光学望远镜，中国工程师们经历了"文化大革命"，正在加紧他们的 2.16 米和 1.56 米光学望远镜。这是一个光学天文望远镜最为多产的十年。尽管多数的光学望远镜仍然采用保守设计，但是重要的结构变革已经在苏联 6 米地平式望远镜、多镜面望远镜和 4.2 米赫歇尔望远镜上实行并得到推广。

1979 年中国向英国格林尼治天文台派出了中国天文望远镜方面的研究生。他在爱丁堡天文台和夏威夷山顶 3.8 米红外望远镜工作期间，发现了望远镜角编码器联轴节的设计问题，大大提高了 3.8 米英国红外望远镜的指向精度。之后的 1982 年，他又在英文期刊《天文学进展》上第一次发表了关于大口径光学望远镜上使用薄镜面的论文。

这时，经典光学望远镜的口径极限问题依然存在，全世界的天文学家都在考虑下一代大口径光学天文望远镜的结构形式。其中最著名的就是美国国家光学天文台组织的国家新技术望远镜（NNTT）的研究，这个研究包括了五种集光面积相当于 25 米的光学望远镜的不同设计。后来这个项目更改为下一代望远镜的研究（NGT）。当时全世界在望远镜设计领域内专家寥寥无几，其中有英国主持 4.2 米望远镜设计的普帕、美国光学天文台的巴尔、欧洲南方天文台的威尔逊以及中国天文仪器厂的胡宁生和苏定强。年轻的设计者则有美国加州的尼尔森、亚利桑那大学的安卓、设计英国 4.2 米望远镜镜面支撑的马克、瑞典路德天文台的安德森教授、后来主持麦克唐纳天文台 9.2 米望远镜的西布林以及后来主持 8 米双子望远镜以及 30 米拼合镜面望远镜的斯特普。

当时加州大学的尼尔森已经发表了关于镜面在点支撑情况下变形情况的论文，亚利桑那大学的安卓正在家中厨房内使用喷灯试图将玻璃板熔合成蜂窝镜面的形状，英国的马克正在为《应用光学》缮写关于镜面在支撑下的表面变形的论文，安德森当时正在欧洲核子研究机构指导欧南台的地平式折轴附属望远镜的安装，后来他参加了欧南台的毫米波阵和 42 米拼合镜面望远镜的研究。再后来西布林参与了新墨西哥州 3.5 米新技术望远镜、麦克唐纳天文台 9.2 米球面望远镜、发现频道 4

米望远镜和南方天体物理研究组 4 米望远镜的工作。后面这两台望远镜已经是主动光学的望远镜。

1983 年在英国格林尼治天文台的一间小会议室里，二十多名来自世界各地的天文望远镜专家举行了一次关于下一代天文光学望远镜设计的学术会议。

在这次会议上大家讨论了不同的大口径望远镜设计方案。在光学望远镜中最关键部件是镜面，而镜面的重量以及它的造价直接受厚度的影响，光学望远镜向现代化发展的关键的第一步就是减轻镜面的重量。如何使镜面重量减轻呢？一共有五种不同方法：

（1）直接使用大口径薄镜面。

（2）将多个小望远镜镜筒安装在一个望远镜支架上，组成多镜面望远镜。

（3）利用蜂窝式镜面，降低望远镜造价。

（4）利用拼合式镜面，构成大镜面望远镜。

（5）建造含有多个天文望远镜的阵列，通过干涉方法形成光学干涉仪。

这次小规模 30 人的聚会为天文望远镜的发展指出了重要方向。以后的几十年，国际范围内的天文望远镜学术会议越开越大，最高潮的时候一次会议有 2000 多个代表参会。

就在这次小型会议以后仅仅经过了几年，威尔逊就设计了名为新技术望远镜的主动光学望远镜。它的造价大大低于经典光学天文望远镜。尼尔森发明了一种偏轴镜面的应力抛光的方法，使拼合镜面望远镜的建成成为可能，最终促成了两台凯克 10 米光学望远镜的建成。安卓发明了蜂窝三明治镜面旋转浇铸方法，创立了扬名世界的亚利桑那大学镜面实验室，制造了一系列口径在 1.8 米、3.5 米、6.5 米到 8.4 米的光学望远镜蜂窝镜面，为 22 米大麦哲伦望远镜进行准备。马克在完成 4.2 米望远镜后，格林尼治天文台结束了长达几百年的历史，正式因经费不足而关闭，为此他和他的同事参加到一个名为新技术望远镜的公司工作。那名参加过这次会议的中国学者后来参与了中国 13.7 米毫米波望远镜的安装，又投身于国际上大毫米波阵列的研究和建设工作，并出版了中文版和英文版的《天文望远镜原理和设计》专著。

11
光学加工
和检测

传统镜面加工是将镜坯固定在一个旋转平台上，并随平台一起旋转，然后使浮动在镜面上的磨具相对镜面的轴线来回往返运动，由于在磨具和镜面之间磨料颗粒对镜面的磨削作用，镜面会逐渐地演变成理想的形状。镜面磨削量和下列因素相关：磨具沥青面与镜面的接触面积、磨具与镜面的相对速度、磨削时间以及磨料特性。影响镜面质量的因素包括：镜面在磨削中的自身形变、磨具和镜面的接触面积的大小和镜面的检测精度。一般大磨具适合于接近球面表面形状，小磨具的整修可以获得比较大的非球面度。

球面是最容易磨制的表面形状，凸凹球面正好互相吻合，可以使用全口径的磨具。不需要在模具接触面上刻制特别的花纹。镜面的非球面度越高，镜面的磨制就越困难。对于抛物面，焦比越小，非球面度就越高，镜面加工就越困难。这也是经典光学望远镜采用大焦比的原因。

镜面加工的技术主要包括：在加工过程中镜面浮动支撑的技术；在磨具沥青面上刻制花纹来控制非球面表面形状的技术；利用径向可变形的抛光磨具的技术；采

用小磨具局部修整的技术等等。镜面检测精度对镜面加工有直接影响。检测精度高，所获得的镜面精度就高。

采用计算机控制的可变形磨具是 20 世纪 80 年代的一个重要发明。采用这种主动模具可以非常精确地预计镜面各个区域的磨削量。另一种镜面加工的新技术是镜面的预应力加工方法。在这种方法中，镜坯上施加了一定量的、经过特别计算的预应力，使镜坯本身产生变形，在镜坯变形的情况下，只要将镜坯加工成一个球面。在解除镜坯上的预应力以后，镜面正好会恢复成所需要的抛物面或者其他的离轴截面。这种光学加工方法对拼合镜面望远镜的建设有着特别重要的意义。在镜面加工领域，新出现的离子和等离子抛光对提高镜面精度也有着十分重要的影响。

镜面检测技术直接影响着镜面加工的精度。400 多年前，折射光学望远镜发明以后，反射光学望远镜的理论也相应成熟。但是除了牛顿为英国皇家协会提供了一台所谓的牛顿式反射望远镜外，卡塞格林和格里高利光学系统的设计均只停留在纸面上，并没有真正造出一台非球面的反射光学望远镜。一个主镜加上一个 45 度小反射镜的系统被命名为"牛顿系统"也纯粹是一种历史的误会。在当时牛顿的手稿中，明确地记录了望远镜的主镜是一个球面镜，而他所制造的望远镜主镜也是一个球面镜。球面镜有严重的球差，所以牛顿所制造的严格来说不是一台合格的望远镜。真正发明牛顿式望远镜的是 18 世纪的哈德利。他同时也第一个发明了一种检验抛物面质量的光学方法，并制造了一台像质非常优秀的 15 厘米反射光学望远镜。

在 17 世纪，光学系统几乎都是球面透镜组成的。望远镜的检验常常使用印刷的书页上的字母。那时的书籍印刷质量普遍很差，所以只有选用名声很好的《哲学通报》的书页。赫维留制造了长度 46 米的超长折射望远镜，但是他根本不懂星光检验的方法，他认为星像呈现圆斑是因为恒星本身有一定尺度。他甚至使用游标卡尺去测量星斑的大小。

哈德利是第一个发明了正确镜面检验方法的光学专家。他在镜面前方曲率中心

图 38　甚大望远镜的激光引导星系统

处放置了一个小点光源，检查它产生像的情况。他特别考察焦点前后的星像，如果不是对称的圆形，则镜面就不对称。这个方法和后来的分区检验方法基本相同。还有一种方法是先挡住主镜的外环，观察它的焦点位置；再挡住它的内圆，检查焦点位置是否相同。1859年博科将哈德利的小孔方法发展成著名的刀口检验方法。这个简单的改进使光学检验的精度大大提高。刀口检验法、朗奇光栅法、焦散曲面法和哈特曼屏幕方法已经成为经典光学望远镜镜面的重要检验方法。遗憾的是所有这些经典方法均是定性方法，而相应的定量检验方法则是近60年内才发展起来的。

这些新的定量检验方法包括剪切干涉仪等干涉测量方法、各种透镜归零检验方法、计算机全息图检验方法、子口径缝合方法和新发展的移相和动态移相干涉仪方法。它们将定量检验的分辨率推到了极限，极大地提高了光学镜面检验的空间分辨率。

最具重要意义的是在镜面检测技术的基础上发展出的几种波阵面检测仪和随之而来出现的一系列主动或自适应光学装置（图38），其中包括夏克－哈特曼装置、金字塔棱镜装置、人造激光引导星装置、曲率传感器、主动镜面的支撑、摆动镜和变形镜装置等等。通过这些新出现的先进装置，可以直接在望远镜上对点光源的星像进行波阵面分析，了解望远镜自身缺陷和大气扰动对望远镜输出波阵面的影响，最终对望远镜进行主动光学或自适应光学的实时控制。通过主动光学的控制，望远镜可以实现以大气视宁度为极限的光学分辨率；而通过自适应光学的控制，望远镜可以实现以口径衍射为极限的光学分辨率。

12

蜂窝镜面的
旋转浇铸

1980 年的一天，一位年轻的天文学家特意来会见斯图尔德天文台台长，他请求将天文台后面供装卸货物的平台借给他使用，用于进行熔化玻璃的实验。台长问他，熔化玻璃有什么用处，他说他要铸造 8 米光学望远镜的镜面，这个回答把台长吓了一跳。这位天文学家就是安杰尔。他出生于英国伦敦附近的小城，从小他就喜欢玩电器，修理无线电，建造一些小东西。正是他的努力，才诞生了亚利桑那大学的镜面实验室，并生产了一大批大中口径望远镜的蜂窝镜面。

在大口径光学天文望远镜的设计中，一个最重要的问题就是减轻望远镜镜面的重量。镜面重量降低了，望远镜其他部件的重量也会相应降低。在使用轻质镜面的选择中，除了使用薄镜面以外，采用蜂窝形三明治结构也是一种十分可行的途径。蜂窝三明治结构由上下表面、中间的蜂窝芯和内外圆环几个部分组成。在这种特殊结构中，中间的蜂窝芯仅仅承受很小的剪切应力，可以使用空间重量比很大的轻型结构设计，使得整个镜坯重量非常轻。而它的抗弯刚度则和实心的等厚平板相近。

在现代光学天文望远镜中，有一大批光学望远镜均使用了蜂窝三明治的镜面结构，这些镜面几乎全部来源于亚利桑那大学镜面实验室。这个实验室采用了一种旋转浇铸方法，直接将镜坯表面铸造成抛物面的形状，大大减少了玻璃加工量，节约了镜面的制造成本。同时因为蜂窝镜面壁厚很小，镜面的热时间常数相应很小，所以可以利用膨胀系数较大但是价格很低的硼玻璃材料来制成蜂窝三明治镜面。这又进一步降低了镜面价格。

旋转浇铸蜂窝镜面的思想是亚利桑那大学的安杰尔首先提出来的。1980 年，年轻的天文学家安杰尔突然对望远镜镜面制造产生了强烈的兴趣，他认为蜂窝形三明治结构既轻便又具有时间常数小的优点，可以用于望远镜镜面的制造。他首先利用喷灯加热的方法，在家中厨房成功地将两个玻璃容器融合在一起。这个小实验大大增加了他制造蜂窝镜面的信心。接着他又计划试制了一些口径小的蜂窝式三明治镜坯。这时家里的厨房已经容纳不下了，他只好向天文台台长求援。

1985 年安杰尔说服了美国空军，美国科学基金会和亚利桑那大学，在这几个单位提供的资金支持下，他在大学体育场看台的台阶下面，建成了一台可以制造 3.5 米蜂窝镜面的旋转熔炉。亚利桑那大学镜面实验室正式成立，安杰尔任实验室主任。他试验的第一块镜面只有 0.75 米直径。

镜面旋转浇铸的试验从 1.2 米镜面开始，逐步发展到了 1.8 米、3.5 米和 6.5 米，最后达到 8.4 米。他们生产的第一批蜂窝镜面包括 1 面 1.2 米、1 面 1.8 米和 5 面 3.5 米的硼玻璃蜂窝镜面，这些镜面全部应用在光学天文望远镜之中。它们分别是史密松天文台 1.2 米望远镜、梵蒂冈天文台 1.8 米短焦距望远镜、新墨西哥州天体物理研究集团 3.5 米望远镜、基特峰 3.5 米 WIYN（威斯康星印第安纳耶鲁及光学天文台）望远镜、空军 3.5 米三镜面大视场光学望远镜和空军 3.5 米星火天文望远镜。

有了这些镜面实际经验以后，安杰尔又进一步开始研究蜂窝镜面的加工问题。和实心镜面不同，在镜面磨制过程中，蜂窝镜面的上表面在磨具重量作用下很容易产生弯曲变形。当磨具离开镜面以后，很薄的六边形的表面会回弹起来，从而产生

图 39   正在旋转中的大旋转熔炉

图 40   曲率可以不断改变的计算机控制的磨具

蜂窝的影子。为了改变这种镜面缺陷，他发明了一种真空磨具，将磨具和镜面之间的空气抽去，形成一个真空带，从而在磨制中消除了镜面蜂窝格的变形。

1990 年为了浇铸更大尺寸的蜂窝镜面，镜面实验室将小的旋转熔炉拆除，建成了一个可以直接浇铸 8.4 米蜂窝镜面的大旋转熔炉（图 39）。同时在熔炉附近建立了一个大型镜面的磨制车间和光学检验装置。镜面实验室也同时发展计算机控制的可变形磨制工具（图 40），使得磨具形状永远保持与之接触的镜面所需要的形状。这台磨制工具的第一个用户就是天体物理研究集团 3.5 米口径，1.75 焦比的蜂窝镜面主镜。这台光学新技术望远镜的具体情况将在后面章节中进行介绍。

在这以后，镜面实验室又先后浇铸了 4 块 6.5 米和一批 8.4 米的蜂窝镜面。

其中 4 块 6.5 米的蜂窝镜面分别用到美国新的多镜面望远镜，日本 6.5 米东京大学光学望远镜和两台麦哲伦 6.5 米光学望远镜中。两块 8.4 米蜂窝镜面使用在 2008 年建成的大口径双筒光学望远镜中。一块 8.4 米蜂窝镜面用于正在建设中的 8.4 米三镜面大视场望远镜中，作为它的第一和第三镜，这台望远镜将于 2021 年建成。其他的 7 块 8.4 米蜂窝镜面将用于正在建设中的有效口径为 22 米的巨麦哲伦望远镜上。这台望远镜是新一代巨型望远镜中的一台。

美国 8.4 米三镜面大口径综合巡天望远镜（LSST）是一个非常特别的光学天文望远镜。它的光学部分由光学专家梁明设计，主镜和第三镜直接连接在一起，但各自具有不同的曲率和不同的面型（图 41），所以主镜和第三镜的磨制工作十分具有挑战性。

图 41　8.4 米大口径综合巡天望远镜第一镜和第三镜

使用大口径硼玻璃蜂窝镜面，为了减少镜面所可能发生的温度差问题，必须在镜面的背后的所有蜂窝孔内进行强制通风，以减少镜面的温度梯度。当镜面的比重为每平方米 200 千克时，总的气流密度应该不低于每平方米 0.3 立方米。

对于特大口径的蜂窝镜面，为了增加镜面的谐振频率，一般要采用具有精确长度测量的主动 6 杆定位支撑的结构。另外由于蜂窝镜面的侧面厚度小，它的强度很低，所以不能承受镜面侧支撑的作用力。这样镜面的侧支撑所需要的支撑力必须以支撑力矩的形式全部施加在镜面的背面。为了防止镜面的转动，这个支撑力矩必须用相应的轴向支撑力矩来加以平衡。这就增加了蜂窝镜面支撑系统的复杂性（图 42）。

在镜面实验室浇铸的所有蜂窝镜面中，口径 3.5 米以上的镜面几乎全部是在镜面实验室磨制加工的。这个镜面实验室已经完成了最短焦比 f/1 的望远镜镜面的磨制，他们同时磨制了直径从 3.5 米到 8.4 米的不同离轴抛物面的镜面。

浇铸蜂窝镜面时需要非常准确的温度控制。一种浇铸小口径蜂窝镜面的温度

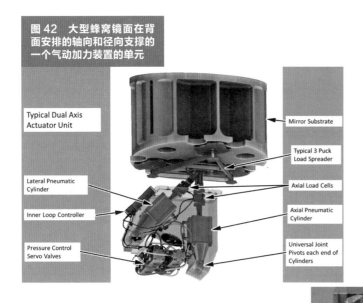

图 42　大型蜂窝镜面在背面安排的轴向和径向支撑的一个气动加力装置的单元

Typical Dual Axis Actuator Unit

Lateral Pneumatic Cylinder

Inner Loop Controller

Pressure Control Servo Valves

Mirror Substrate

Typical 3 Puck Load Spreader

Axial Load Cells

Axial Pneumatic Cylinder

Universal Joint Pivots each end of Cylinders

图 43　大型蜂窝镜面的断面形状，左面是一块硼玻璃原料

控制方法是：在 300 分钟时间内将温度上升到 950 华氏度；再用 60 分钟升高到 1250 华氏度，保温 60 分钟；用 115 分钟升高到 1750 华氏度，保温 60 分钟；然后尽快降温至 1050 华氏度，保温 400 分钟；最后用 2000 分钟降温至 950 华氏度，用 1000 分钟降温至 850 华氏度，用 1400 分钟降温至室温 90 华氏度。在温度控制的过程中尽快降温的操作是为了防止玻璃材料在这个温度区域产生结晶现象而采取的必要措施。不过具体的降温时间则是由镜面尺寸大小所决定的，镜面尺寸越大，所需要的降温时间就越长。

在口径巨大的 8.4 米蜂窝镜面中，表面玻璃的厚度只有 4 厘米，蜂窝之间的壁厚也非常小（图 43）。特大口径的蜂窝镜面的支撑系统一般要有两套，一套是在

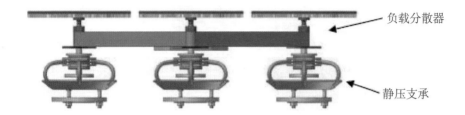

负载分散器

静压支承

图 44 大型蜂窝镜面背面安排的非工作状态下的弹簧支撑单元

望远镜处于不工作状态时所使用的，另一套是在望远镜工作时所使用的。为此镜面实验室开发了一套行之有效的气垫式和弹簧式的专用镜面支撑系统（图 44 ）。

镜面实验室的安杰尔教授是一位极具想象力的发明家。2010 年他和加州大学的尼尔森、欧洲南方天文台的威尔逊同时获得了天文界的科维理奖。现在退休后的安杰尔教授又在推销他发明的太阳能发电转换装置。2017 年时年 73 岁的尼尔森去世。

图 45 2010 年获科维理天体物理学奖的三人

Jerry E. Nelson
Professor of Astronomy

University of California, Santa
Cruz and Lick Observatory, US

Raymond N. Wilson
Senior Physicist

European Southern
Observatory, Garching,
Germany

*James Roger Prior
Angel*
Regents Professor

Steward Observatory,
University of Arizona, US

13
极薄镜面的新技术

1975 年苏联 6 米地平式光学望远镜的建成是里程碑式的重要事件，它标志着光学天文望远镜从此进入了现代高新技术发展的新阶段。地平式望远镜将赤道式悬臂梁式的纯弯曲的镜筒支撑改变成为在竖直方向上的纯压缩和剪切的叉臂支撑。这种结构设计大大减轻了望远镜的重量，缩小了望远镜所需要的回转空间，降低了望远镜及圆顶的结构成本，从而使得更大口径光学望远镜的建设成为可能。严格地讲，这台 6 米光学望远镜仍然具有很多经典光学天文望远镜的设计特点，比如它的镜面厚重，并且不具有主动调节镜面形状和位置的功能等。

对经典光学望远镜设计思想的另一个重大突破发生在镜面的直径厚度比上。在经典光学望远镜中，主镜的直径厚度比一般采用十分保守的 8 左右。然而 1978 年建成的英国 3.8 米红外天文望远镜（图 46）使用了直径厚度比为 16 的薄主镜镜面。这个厚度是正常镜面

图 46　作者在英国
3.8 米红外望远镜上

厚度的一半。由于主镜重量轻，所以主镜室重量也很轻，望远镜的镜筒的重量相应减轻。尽管这台望远镜仍然使用传统的赤道轭式支架结构，但它的造价要远远小于具有相同镜面直径的其他经典光学望远镜。这台望远镜在夏威夷山顶的近邻就是一台十分庞大和昂贵的加拿大－法国－夏威夷 3.6 米红外望远镜，它们位于夏威夷山顶 4200 米的最高处，是夏威夷岛上的重要地标。

仅仅使用了一年之后，这台望远镜就产生了非常大的且来源不明的指向误差。望远镜的控制屏幕尺寸是一平方度，但是在屏幕上却总是找不到望远镜目标星像。应爱丁堡天文台台长的邀请，1981 年笔者前往夏威夷调研这个问题。一个星期之后发现了这台望远镜的问题所在。原来，这台望远镜的镜筒在赤纬轴的运动方向上有很大的相对位移，而薄片式的金属圆板制成的编码器联轴节不能承受这样大的位置误差，所以联轴节产生断裂，角度编码器的指向产生很大的延迟误差。这个编码器曾经多次被拆卸下来进行检查。非常不巧，这个断裂痕和车刀加工的圆环痕正好重合，尽管这个零件已经被拆卸多次，但是均没能发现这个裂痕。笔者拆卸之后用手在轴向用力一推，才发现了这个重大问题，于是为编码器重新设计了能够容纳轴向位移的联轴节。经过这个改变，每当指向某一目标后，均可以在屏幕的中心发现所选用的目标星。再加上专门编写的改进的指向改正程序，望远镜的指向精度立刻达到光学望远镜 2 角秒的要求。根据在英国 3.8 米红外望远镜上的经验，笔者于1982 年在《天文学展望》（*Vistas in Astronomy*）期刊上，发表了关于在大型光学望远镜中使用薄镜面的论文。提出只要认真设计，任何薄镜面均可以获得正确的支撑，从而可用于望远镜的光学系统中。这是在大口径光学望远镜上应用薄镜面技术的第一篇论文。

在 1960 年代，斯图尔德天文台台长迈内尔听到射电天文学家可以用小的天线组成综合孔径望远镜，效果相当于一台大口径射电望远镜。1967 年他做出了这样一台光学望远镜的模型。因为 6 个镜筒被安排成一个转轮手枪的形式，所以工程的名字叫 COLT（知名轮转手枪制造商的名称）。同年他从军方免费获得了 6 块 1.8 米直径、具有相同焦距的鸡蛋格三明治光学镜面。它们的上下表面均是膨胀系数非常小的熔融石英材料。因为它们原来是用于空间望远镜的，所以镜面重量仅仅是实心镜面的三分之一。而哈佛－史密松天文台台长一直想拥有一个真正的天文台。有一天他们两个人通电话，迈内尔说："我已经有了 6 个镜面了。"而史密松天文台台长回答道："我想我可以从政府搞到钱。"1970 年 11 月，迈内尔代表天文台在议会上提出一个低造价大口径天文望远镜的计划。1971 年 7 月议会批准了这台特殊的天文望远镜 150 万美元的经费估计。这样这台有效使用面积相当于 4.5 米的多镜面光学天文望远镜很快就建设成功。从集光面积讲，这台望远镜的排名将仅仅低于 6 米地平式和 5 米海尔望远镜。在光学望远镜的排名榜上排列在世界第三位。

1979 年这台包括 6 个 1.8 米子镜筒的多镜面光学望远镜（图 47 上）顺利建成。这是第一次用多个小镜面来取代一整块大光学镜面的尝试。这台望远镜的重量仅仅 120 吨，远远小于其他 4 米级望远镜的重量。它采用了一个结构紧凑、造价很低、同步旋转的正方体天文圆顶。

多镜面望远镜在一系列的结构细节上都突破了经典望远镜的传统。它采用了三明治结构轻镜面，将多个望远镜组合在一起，

图 47　原来的和现在的多镜面光学望远镜

采用了地平式支撑结构，使用了滚珠轴承和齿轮传动。这台望远镜的最终目的是想在该望远镜上实现多个镜面之间的干涉成像，由于当时技术水平的限制，这台望远镜始终不能将各个镜筒中的光线相干地集中在一起共同形成干涉图像。仅仅在十分有限的情况下获得过其中两个镜面共同形成的光学干涉条纹。由于这些原因，望远镜的使用效率一直很低。

2000 年，该天文台用一面口径 6.5 米的蜂窝主镜替换了镜筒中 6 个小镜面（图 47 下），将望远镜重新改造成一台口径 6.5 米单镜面的光学望远镜。现在这种多镜面望远镜的设计思想已经成为新建的双筒光学望远镜的设计基础。

图 48　多镜面望远镜上的可以改变形状的自适应副镜

尽管美国多镜面望远镜已经不存在了，但是采用多个镜筒减轻镜面重量的方式对后来望远镜设计有着非常重要的意义。现在这台 6.5 米望远镜上装有最先进的用于自适应光学的可变形极薄副镜（图 48），副镜的直径 1 米，焦比 1.25，放大率 12，而厚度只有 2 毫米。利用副镜本身作为变形镜的最大好处是大大减少了光学系统中反射或透射面的数量，提高望远镜的光能收集效率。据介绍，这种自适应光学装置整整减少了 8 个反射或透射面，极大地提高了望远镜效率。

在光学加工的领域，这种非常薄的镜面几乎是前所未有的。为了制造这面很薄的大副镜，光学技工首先用两块低膨胀系数的大玻璃分别磨成相互匹配的正负球面，然后将这两块正负球面的玻璃坯用一种在常温下是液态但是黏度非常高的沥青胶合在一起，这个沥青层的厚度大约是 0.1 毫米。在这种情况下，两块玻璃牢牢地粘在一起，如同一整块玻璃坯一样，可以进行正常的磨制加工。将来的上层玻璃就是我们所需要的薄副镜镜面。当上层玻璃被磨到只有 2 毫米厚的时候，就开始将这个薄片玻璃磨制抛光成理想的双曲面形状。这个双曲面和它的最接近球面的差别大约是 80 微米。非球面的加工要比球面难得多，但是光学技工已经有了一整套新加工方法。

在镜面加工完成以后，为了使这个很薄镜面和下层的玻璃分离开来，需要将这两块玻璃一起在热油中加温到 120 度，这样玻璃中间的沥青层黏度会降低而流溢出来，上面的薄玻璃镜面就可以分离开。分离非常薄的镜面是一个十分细致小心的工作。一般如果薄镜面的直径在 70 或 80 厘米以内，手工分离是可行的。在分离镜面的时候，两个镜面都应该处在水平位置，这样滑出来的镜面部分要依靠手掌来支持，其他的部分则仍然支撑在下镜面之上。但是当镜面直径达到 1 米的时候，就必须在镜面表面上沾粘一部分的分散卸荷的浮子一样的装置。这些浮子会部分支撑镜面的重量，减少镜面内的应力。如果镜面直径非常大，达到 2 米，则必须在薄镜面的表面沾粘上均匀分布的 9 个支撑点。在镜面分离的时候要将两个镜子同时沉浸在热油中，在将要分离的时候，使连在这 9 个支撑点上的浮子漂浮在油面上。

一般镜面分离之后，镜面表面形状会发生较大的变形（微米量级），但是镜面表面仍然比较平滑，没有高空间频率的表面变形。镜面表面形状误差可以在自适应光学的控制中得到补偿。最后，在这个镜面的前表面镀上铝膜，它就成为一个十分理想的变形副镜了。这个镜面的玻璃材料是一种膨胀率极低的微晶玻璃。在镜面中心，还有一个直径 55 毫米的孔是用来作为镜面重量的径向支撑面的。

非常薄变形镜的一个重要问题是镜面谐振。所谓谐振就是当镜面受到一个外力的作用时，镜面会不停地在某个频率上反复振荡并且振幅越来越大的现象。这对镜面形状的控制是十分不利的。不过如果镜面在多点上固定，那么它的谐振频率就会提高，振荡的影响就会减小。不过很可惜的是这个镜面的轴向支撑采用的是电磁力作用，这种支撑和压电陶瓷的支撑不同，支撑点没有内在刚度。在这种支撑下，所引起的振动频率等于薄镜面的自振频率。所以在外力作用下，特别是要很快地控制和改变镜面的形状时，镜面会产生严重的振动现象。它可能激发数以百计的振型，仅仅在 0 到 1000 赫兹的范围内，这个镜面就有 270 个振型，而 1000 赫兹是自适应控制所需要的控制频率，所以一定要解决这个镜面的振动问题，否则就不可能实现自适应光学的控制。

为了解决这个困难，在这个很薄的镜片的背后放置了另一个和它的背面形状完全相同的厚镜面，并且使背面的这块厚玻璃和薄镜面之间的距离仅仅是 40 微米。在这个十分微小的夹层之间，空气正好有足够的黏度来阻碍这面薄镜面的振动。这种情况就如同薄镜面是在糖浆中运动一样，被称为阻尼作用。后面的厚镜面叫参考镜面，它的厚度是 50 毫米，所用的材料也是低膨胀石英玻璃。

和其他变形镜面不一样，这个副镜的变形是依靠电磁力来实现的。在薄镜面的背后共胶黏着 336 个永磁体，在永磁体后面是一个个线圈。这些线圈和永磁体的距离是 0.2 毫米。当在线圈中加上电流以后，就会有电磁力施加在薄镜面上。这些分散分布的电磁力既支持镜面的重量，又可以改变薄镜面的形状。在这个系统中还有一个很特别的地方，就是在薄镜面的背面是一层薄薄的镀铝层，而在参考镜面的前表面上也有很多圆形的镀铬层，这些镀铬层分布在每一个线圈的周围，这样这些镀铬层和镜面反面的镀铝层就形成了一个个的小电容器。这些电容器的电容量根据镀层的面积和镀层之间的距离可以准确地计算，大约是 65 微法拉。这些电容器的电容量也可通过 40 千赫兹的电流准确地测量。通过测量可以知道两个镜面之间的距离，其精度达到 3 纳米的量级。有了电磁力的触动器和电容传感器，镜面的形状就可以进行有目的的控制。

为了防止这个用电磁力支撑的镜面滑落，在镜面的边缘设有四个保护挡板。尽管镜面是由低膨胀的微晶玻璃制造的，但是大温度变化仍然会影响镜面的形状。所以在控制镜面形状的时候，要控制线圈的热效应。电磁铁上的线圈是这个系统的热源，所以每个线圈都通过导热性能好的铝块和一个位于参考镜面背后的大铝板连接着。这些铝块长度为 10 厘米，厚度为 5 厘米。在大铝板上还加工了很多的沟槽，在沟槽中使用一半是蒸馏水一半是甲醇的液体来进行冷却。这种液体的特点是冰点很低，不会凝固。同时即使有所泄漏，它也会完全蒸发，不会破坏主镜的镜面镀层。

这个副镜的 336 个线圈由 168 个数字信号处理器来控制，每个处理器控制两个触动器，以保持镜面的正确的形状。镜面的控制系统是一种正比和正比加微分处理系统，控制系统的反馈中不包括任何积分的部分。这样它的控制频谱范围比较大。但是当刚度大于或者相当于控制环中增益的时候，就会出现较大的静态误差。所以在系统中还要加上一个前馈装置来进行力的补偿。这个补偿力的计算是通过刚度矩阵和相应指令变化量的乘积，同时考虑系统增益而获得的。这个副镜在稳态时所达到的最好表面均方根误差仅仅为 88 纳米。

应该指出这个镜面最终的自适应控制仍然要依靠对一个标准点光源的波阵面进行分析。这个标准点光源可以是一颗自然星，也可以是一颗人造激光引导星。这个传感器是哈特曼波阵面仪。当因为大气扰动所产生的波阵面变形被测量以后，计算机很快就会对触动器发出指令，使镜面形状产生变化，从而补偿大气所产生的波阵面变形，使对星像的分辨率达到望远镜口径所对应的衍射极限。

在多镜面望远镜落成以后，1987 年英国建成了 4.2 米光学天文望远镜（图 49）。这台望远镜在赫歇尔发现天王星 200 周年的 1981 年获得政府投资，并被命名为赫歇尔光学望远镜。它的主镜材料是微晶玻璃，和英澳 3.9 米、加拿大－法国－夏威夷 3.6 米、以及南美洲白朗克 4 米望远镜的镜坯属于同一批大口径镜坯。主镜支撑在 60 个气垫上。赫歇尔天文望远镜经费紧张，所以采用了造价低的地平式支撑结构。它同样使用了齿轮传动。这台望远镜的光学部件共重 79.5 吨，望远镜的总重量是 186 吨。整个望远镜经过十分细致的平衡处理，它的 160 吨重的转动部分可以用手指轻轻地推动。

赫歇尔光学天文望远镜是具有 150 年制造历史的英国格拉布帕森公司所生产

图 49 英国 4.2 米
赫歇尔光学望远镜

的最后一台光学天文望远镜。这个为很多国家制造过上百台天文望远镜的百年公司于 1985 年关闭。

在这架望远镜建造过程中，格林尼治天文台成立了包括光、机、电的十分强大的技术部门。这台望远镜完工后，天文界没有新任务，工程技术部门大部分人不得已进入新技术望远镜公司。1998 年因为经费原因，皇家格林尼治天文台也正式关闭，结束了这个天文台 323 年的悠久而光荣的历史。

1988 年北欧 2.56 米望远镜也采用了地平式支撑结构。使用地平式支撑结构的望远镜还有 2007 年中国丽江和 2012 年泰国的 2.4 米光学望远镜。这两台均是商品类的光学天文望远镜。丽江 2.4 米望远镜（图 50）是原来格林尼治天文台设计 4.2 米赫歇尔望远镜的工程师成立的新技术望远镜公司的产品。望远镜售价八千万元。遗憾的是望远镜非常单薄，接收器的空间很小，不适宜于使用体积大的专用仪器。

泰国 2.4 米望远镜是一家美国电子光学系统公司（EOS）生产的（图 51），

图 50　中国丽江 2.4 米光学望远镜

图 51　泰国的一台 2.4 米光学天文望远镜

同样是一架轻型天文望远镜。这家公司的
老板原来是 8.2 米双子望远镜的工程经
理。双子望远镜完成以后，他和同事在亚
利桑那图森成立了这家制造望远镜的公
司。因为望远镜的订货量十分有限，所以
他们利用天文望远镜具有十分优越的指向
性能的特点，为进攻伊拉克的部队生产自

图 52　一家望远镜生产公
司所生产的遥控自动枪炮

动遥控枪炮。这种枪炮高高地架设在车顶上，通过身在装甲车内的军人用计算机进
行控制，可以做到人不露面，就能百发百中（图 52）。在中国很多军工厂生产民
用产品，称为"军转民"，而这却是工业界"民转军"的一个案例。

14
主动光学
天文望远镜

　　1979 年，在迈内尔教授所开创的亚利桑那大学光学中心，夏克发展了哈特曼的光学检验方法，发明了一种检查星像波阵面的检测器。这就是十分有名的夏克 - 哈特曼检测器。这个检测器的出现，为探测光学望远镜的波阵面误差提供了十分可靠和方便的途径。不过这个发明在美国很多年并没有引起人们的足够重视，反而是欧洲南方天文台的威尔逊，他从欧洲赶来，对这个发明非常重视。天文望远镜技术发展到此时，已经有了地平式支撑技术、薄镜面技术、有限元分析技术、计算机数控技术以及力触动器技术。在这些技术条件下，迫切需要波阵面传感器技术来实现控制系统的闭环控制，使光学天文望远镜的设计和制造实现全新的革命。

　　这种革命将使原来被动式的经典光学天文望远镜转变为主动的现代光学天文望远镜。也就是说，光学天文望远镜优良的光学性能不再依靠被动地减少和限制望远镜的结构误差来获得，而是通过主动地调整望远镜镜面形状和位置来获得。在初期，主动光学天文望远镜是借助于预先的定标所取得的望远镜镜面调整量来实现的，到了后期，主动光学又发展到通过波阵面反馈来实现全闭环控制。

　　望远镜中的主动光学技术是从卡塞格林系统两个反射镜面的准直要求引出的。一台 4 米级光学望远镜要求主副镜之间的轴线误差小于 1 毫米，这在设计中常常是一个难题。但是如果增加一个微调结构，实现这样的移动却是一件相当简单的事情。类似地，如果镜面形状和理想的面形有一定的差别，那么也可以通过调节镜面背面的支撑力来获得改善。对于薄镜面望远镜，所需要的支撑力变化很小。不过要实现这样的主动光学望远镜，就必须对望远镜的状态进行实时监测，并随时调整望远镜状态。在 20 世纪 80 年代，并不是所有人都认为这是可能的。

　　第一台具有主动控制镜面面形想法的光学望远镜是 2.4 米哈勃空间望远镜，在这个望远镜的主镜背面，安装了 24 个可以对镜面施加压力的压电晶体，它们本意

图 53　欧洲南方天文台 3.5 新技术光学望远镜

是用于实现对镜面形状的控制。由于这些触动器所产生压力太小，仅仅只有 10 磅（1 磅 =0.4536 千克），对十分厚重的空间望远镜镜面根本没有产生任何作用。

真正的主动光学望远镜是在威尔逊主持下于 1989 年建成的 3.58 米新技术望远镜（NTT）。这台望远镜安装在欧洲南方台智利观测站拉西亚山顶（图 53）。这是第一台主动光学天文望远镜。

这台望远镜的主镜原来计划的直径厚度比为 18，后来他们希望这台望远镜在主动光学关闭后仍然可以工作，就将直径厚度比调整为比较保守的 15。它的主镜的焦比为 2.2，这样望远镜镜筒很短。威尔逊坚持不设置主焦点。望远镜包括卡塞格林焦点和两个内史密斯焦点，共三个焦点。由于镜面比较薄，镜面背后安排有很

多触动器，可以根据星像质量的情况有目的地，主动改变主镜形状，提高望远镜星像质量。加上地平式支撑结构和非传统的开放式方形天文圆顶，这台望远镜的重量和造价均大大低于其他光学望远镜。同时圆顶室中大量通风口的应用也改善了望远镜的大气视宁度。

这台重要的望远镜的光学系统是欧洲有名的蔡司公司的产品。1978 年在这台望远镜进行试观测的时候，发现了一件令人吃惊的现象。由于在主副镜进行合成补偿检验的时候，和哈勃空间望远镜一样，检验装置的位置有一个隔离片大小的尺寸误差，所以获得的星像有严重的球差。这台望远镜的球差量和哈勃望远镜也几乎完全相同。十分幸运的是这台望远镜具有主动光学机构，在使用了近八成的调整量以后，镜面的球差获得了完全补偿，没有发生像哈勃空间望远镜那样需要专门增加补偿镜的事件。这个事例也从另一方面说明了主动光学望远镜的巨大优势。这表明主动光学望远镜的镜面不需要磨制得非常精密，只需要镜面误差的分量可以使用主动光学系统进行补偿就可以了。经过修正以后的这台望远镜具有非常好的光学性能，它的星像角直径达到非常小的 0.3 角秒。

1999 年基于同样的设计思想，欧洲南方天文台在智利北部又建成了 4 台具有薄镜面的 8 米主动光学望远镜——甚大望远镜。

15
美国天体物理研究集团

　　早在 1957 年，美国的几个主要大学就共同成立了大学天文研究协会。该联合会成员是加州大学、芝加哥大学、哈佛大学、印第安纳州大学、密歇根大学、俄亥俄大学和威斯康星大学。在美国科学基金会的支持下，这个联合会于 1958 年成立了美国国家光学天文台。国家光学天文台下有三个观测台站，分别是基特峰天文台、智利泛美天文台和国家太阳天文台。国家光学天文台的任务主要是为众多的美国大学天文系提供公用光学天文望远镜和其他大型天文仪器。

　　随着天文学科的不断发展，天文研究人员不断增加，每个人可以使用的望远镜观测时间反而越来越少。这对于有长期观测计划的大学十分不利，常常不能保证他们课题的观测时间。为了解决这个矛盾，1984 年新墨西哥州大学、普林斯顿大学、芝加哥大学、华盛顿大学和华盛顿州立大学联合成立天体物理研究集团 (ARC)。天体物理研究集团直接接受美国科学基金会的经费，用于建造专门为这些大学服务的光学天文望远镜。这些新增的光学望远镜就建设在新墨西哥州萨克拉门托山顶上，成为阿帕契点天文台。

天体物理研究集团准备第一台光学天文望远镜时，正是镜面实验室建设初期。当时镜面实验室刚从美国空军和国家科学基金会获得经费来试制成本低、结构轻的硼玻璃蜂窝镜面。由于他们的目标是制造 8 米级蜂窝镜面，作为中间试验，可以免费为美国天文台提供 3.5 米以下的蜂窝镜面镜坯。

镜面实验室计划在 1983 年完成 1.8 米镜面浇铸，1986 年完成 3.5 米镜面浇铸，然后再完成 6.5 米镜面浇铸，最后试制 8 米大蜂窝镜面。天体物理研究集团获得这个消息后，决定在他们的光学望远镜中使用镜面实验室所提供的 3.5 米免费蜂窝镜坯，并正式签订了镜坯的供应合同。

1983 年 4 月和 8 月镜面实验室利用固定不旋转的试验熔炉成功地为卡尔加里大学和国家光学天文台烧铸了两块 1.8 米蜂窝镜坯。1985 年 3 月他们建成可以旋转的 1.8 米熔炉，又为梵蒂冈天文台试制了又一块 1.8 米旋转浇铸蜂窝镜坯。这块镜坯成功以后，他们在体育场看台下又继续建造直径更大的旋转熔炉。1987 年 11 月在这个新熔炉内，他们又为史密松天文台试制了 1.2 米旋转蜂窝镜坯。直到 1988 年 4 月他们才开始为天体物理研究集团浇铸 3.5 米蜂窝镜坯。

为了浇铸这块焦比 1.75，口径 3.5 米的蜂窝镜面，工程师必须首先建造镜面模具。镜面模具包括众多的六边形减重孔的芯块以及决定镜面外径的大圆柱面。镜面模具安置在旋转熔炉的底板上面。模具安排完成后，必须在模具内部放置一块块的硼玻璃块，这些玻璃块每一块重约 2 千克，来自日本小原玻璃公司。

当模具内放满玻璃块以后，要将整个熔炉密封、加热，使玻璃熔化，这个过程大约为一个月。当玻璃熔化到模具之中，形成了模具所决定的蜂窝镜面的形状后，停止加热，同时开始旋转整个熔炉，这样镜坯的上表面就会形成所需要的抛物面形状。根据计算，熔炉的旋转速度是每分钟 8.5 转。持续 20 个小时的旋转和冷却后，工程师通过观察孔不断观察炉内的详细情况。再经过 13 小时，才停止熔炉的旋转，这时镜面已经冷却到能够保持抛物面形状的地步。在玻璃冷却的过程中，有一段时间必须打开炉盖来快速冷却，以防止在玻璃内部产生晶化现象。最后玻璃回火大约又需要 6 个星期。这时已经是 1988 年 6 月 27 日，3.5 米蜂窝镜坯已经完全冷却，最后他们用高压水枪冲掉所有的模具材料，这一面蜂窝镜坯就浇铸成功了。

1988 年 8 月 11 日这块 3.5 米蜂窝镜面被转移到光学公司开始磨制。磨制工作是一个缓慢的过程，尽管一切十分顺利，镜面磨制工作也进行到了 1990 年初。

当时天体物理研究集团的望远镜结构部分在项目经理托马斯西布林的领导下已经基本完成。这台新的光学望远镜在结构上也采用了和新技术望远镜十分相似的设计。它使用地平式支撑结构，镜筒长度很短，副镜尺寸很小。它的镜筒顶部和一般望远镜不同，不是一个圆形，而是一个非常简洁的正方形框架结构，加上副镜室的支撑，形成了四个稳定的三角形。

这台望远镜地平轴承的设计也很有特点。它的上部是一个大圆柱形摩擦面，整个结构形成一个倒立的圆锥体。圆柱摩擦面上有四组施加预应力的小摩擦轮。由于所施加的预应力相等，所以可以保证地平轴的垂直性。地平结构的下部是一个小轴向止推轴承。望远镜的两个轴上的角度编码器均是增量编码器，加上均匀分布的非常灵敏的临近仪开关触点。这种编码器的安排精度高，价格非常便宜，当时在天文望远镜上很少使用。

这台望远镜总共有 7 个焦点，以便于在观测中快速地选择不同的观测仪器。望远镜总重量仅仅 30 吨，约是一般相同口径望远镜的五分之一。圆顶室也采用了正方体的建筑形式，尺寸远远小于其他同等口径光学望远镜的圆顶。当时望远镜的结构已经全部完成，万事俱备，只缺一块大口径的光学镜面。

当时，卡尔加里大学天文台的情况正好完全相反，他们是已经有一块磨制好的 1.8 米光学镜面，但是却完全没有一点点望远镜的结构部分。天体物理研究集团了解到这种情况，于是就决定临时借用卡尔加里大学闲置的光学镜面来进行试验观测。1992 年 10 月 1.8 米的小镜面被暂时安装到 3.5 米望远镜的主镜室中，这台望远镜开始了它的早期试观测。

1990 年初，3.5 米的镜坯由小公司十分艰难地完成了初磨工作。由于这块镜面的焦比很小，加工难度很大。这家公司感到镜面的精磨工作在技术上存在很大困难。1992 年 2 月天体物理研究集团只好将精密磨制的任务转交回亚利桑那大学镜面实验室。1994 年 9 月，3.48 米的光学镜面精磨和镀膜全部完成，同年 10 月正式安装到了 3.5 米光学望远镜的主镜室中，至此这台光学望远镜正式宣告完成（图54）。1998 年这台望远镜上又装备了自适应光学波阵面检测器和变形镜设施。

很快，该望远镜的项目经理西布林就被邀请到麦克唐纳天文台去主持研制一台 9.2 米拼合镜面望远镜的工作。这是一台拼合镜面固定高度角光学望远镜。该望远镜于 1997 年完成。后来西布林又参加了 4.2 米 SOAR 和 4.3 米发现频道光学天文望远镜的研制工作。SOAR 望远镜完成于 2002 年，发现频道望远镜完成于2012 年。

在欧南台 3.5 米新技术望远镜顺利成功的影响之下，美国的国家光学天文台也

图 54 天体物理研究集团 3.5 米新技术望远镜

图 55 基特峰 3.5 米 WIYN 望远镜

研制了一台新技术主动光学望远镜。这就是威斯康星印第安纳耶鲁和国家光学天文台的 3.5 米 WIYN 望远镜（图 55）。这台望远镜同样使用了镜面实验室浇铸的旋转蜂窝镜面和十分类似于新墨西哥州 3.5 米光学望远镜的地平轴承设计。为了做光纤巡天工作，需要有 1 度的大视场，所以它使用了 R-C 光学系统，有一个较大的副镜。这台光学望远镜起步比较晚，于 1994 年建成。它的项目经理就是现在 30 米拼合镜面望远镜的斯特普。

天体物理研究集团的 3.5 米光学望远镜视场小，不适宜于做巡天工作。相比较，WIYN 望远镜有 1 度视场。在斯隆基金会的帮助下，天体物理研究集团又建造了一台口径 2.5 米，视场角 2.5 度（照相）到 3 度（光纤）的大视场光学巡天望远镜。这台专用的光学望远镜既可以做光纤光谱，又可以做照相巡天，这就是 1997 年完成的斯隆数字化巡天望远镜（图 56）。这台望远镜的口径面积是传统大施密特望远镜的 5 倍，所以它的巡天工作取得了十分重要的成果，在天文学上有着重要的影响。在斯隆望远镜工作以后，天文界兴起了一股建造新一代大视场光学望远镜的热潮。

斯隆生于 1875 年，麻省理工大学毕业，24 岁时创办了他的私人轴承厂。1916 年轴承厂合并到联合汽车厂内，成为以后的通用汽车公司。1923 年他成为通

图 56　斯隆 2.5 米大视场望远镜

用公司副总裁，1934 年到 1950 年一直是公司总裁。在他的领导下，通用公司不断推出新车型，规模超过了保守的福特汽车公司，成为世界上最大的公司。斯隆本人十分仇视工会，曾经使用特务手段对付工会活动。他对管理科学方面的教育事业十分支持，为很多大学商学院提供了奖学金。他的一句名言就是：生意的生意经就是做生意。

2.5 米斯隆光学望远镜的机械部分和天体物理研究集团 3.5 米以及基特峰 3.5 米 WIYN 光学望远镜十分类似。由于是大视场，副镜口径很大，并配有一套包括 3 个大口径非球面板的改正镜系统。它的挡光光阑设计十分独特，是一个独立支撑的、长度超过镜筒长度的巨大方筒形透风遮光筒。

斯隆望远镜当用于光纤工作时，有效视场为 3 度，它的光纤光谱仪装备了 650 根光纤。

1999 年斯隆大视场望远镜曾经遇到一系列问题。第一个问题是新墨西哥州的飞蛾。每年春天，由于气温升高，大批飞蛾会向较冷的山区转移。最严重的时候整个望远镜圆顶内会有成百上千只。飞蛾喜欢暗处和狭窄的缝隙，所以常常停留在电子部件和驱动装置内。当望远镜运行时，这些飞蛾被碾成黏糊糊的肉酱，使驱动系统打滑，给望远镜维护带来很大困难。

为此一个实习大学生几乎试验了各种方法，他首先使用各种不同频率的声波，比如 500 赫兹以及 600 赫兹的声波，但效果均不明显。然后他又使用不同亮度的光来照明，仍然收效甚微。最后他采用断续的气流，发现当气流断续频率是 2 赫兹时效果最好，所以后来在望远镜运行时要不断地在驱动装置的附近喷气流，才最终解决了这个难题。

这台望远镜遇到的第二个问题就是它的指向。在很多时候望远镜会离开目标源很远距离，误差竟达到 3 角分以上。这种情况在试运行时会不断地出现。原来望远镜在安装时，两根轴线不相互垂直，有大约 1 毫米偏差，相当于 1 角分以上的指向误差。这种偏差只能用软件来改正，而这个望远镜采用的是他们自己开发的指向改正软件，这个软件并没有考虑轴线不互相垂直的情况。后来在软件上加上这一项后，才获得明显的改正效果。

第三个问题可以说是最为严重的。一天，试运行工程师在进行观测前准备时，突然发现望远镜上口径 1.05 米副镜的中心出现了一个接近环形的裂纹，并且裂纹似乎还在不断扩大，已经快接近一圈。如果这个镜面完全损坏，不但将要花费 50 万美元重新制造一块，而且整个望远镜将在很长时间内不能工作。

原来由于浇铸的原因，这面副镜的内部残余应力很大，在使用时环境条件的变化使应力自发地释放出来，形成裂纹。第二天他们非常小心地取下副镜，在裂纹起点和终点各钻了一个非常小的小孔来阻断裂纹的进一步发展。后来经过分析，望远镜中由于副镜遮挡，主镜中心孔部分并没有光线反射到副镜的中心部分，所以副镜中心部分实际上不发挥作用，完全可以将这部分去除而不影响望远镜的功能。于是他们专门请镜面实验室将副镜中心部分切除，然后加上一个保护盖，彻底解决了这个问题。为此他们花费了近 5 万美元。

斯隆望远镜在巡天和光谱工作中取得了有目共睹的突出成绩，在天文界产生了很大的影响。

16
水银镜面望远镜

水银天文望远镜实际上叫旋转水银镜面望远镜。它是利用液体在匀速转动情况下液体表面会形成抛物面的原理制成的一种指向天顶的特殊望远镜。1994 年加拿大成功建成了一台 1.64 米旋转水银镜面望远镜。2004 年又制造了一台 6 米旋转水银镜面望远镜（图 58）。

图 58　6 米旋转水银镜面望远镜

旋转水银镜面望远镜的原理要追溯到牛顿于 1687 年发表的《自然哲学的数学原理》。在这本书中，牛顿讲到一个有名的水桶实验：用一根长的软吊绳提一桶水，把吊绳拧成麻花状。如果你握住吊绳，不让麻花状的绳子松开，桶及桶中的水相对是静止的，有平直的水面。这时突然放开手，麻花开始放松，吊绳旋转，水桶也随着吊绳旋动。最初，桶中的水并不转动，只有桶在旋转，桶和桶中的水有相对转动。慢慢地，水被桶带动，也开始转动。最后，水和桶一样转动。这时，水和桶之间又是相对静止的，并没有互相转动。但水面却呈凹状，中心低，桶边高。这时的水面形状实际上是抛物面。

第一个提出建造旋转水银镜面望远镜的是一个德国天文学家，他是那不勒斯天文台的卡波奇。1850 年，52 岁的他向布鲁塞尔皇家科学院建议制造这种特殊的光学望远镜，但是最终他也没有制造出来。在听到这个消息的人中，鹿特丹天文台的克雷克真正制造出了一面用机械传动装置驱动的液体镜面。不过他发现镜面的旋转表面会产生一圈圈的波纹。克雷克在 1872 年的《自然》杂志上提出旋转熔化金属可以在冷却以后获得抛物面形的金属表面。

1857 年傅科听到美国科学家提出旋转液体镜面的想法，他指出只有在南北两极才能获得真正的抛物面。而在地球其他地方，由于科里奥利力的作用，都不能获得标准形状的抛物面。1859 年美国纽约的帕金斯在数学月刊上发表了一篇关于水银旋转抛物面镜面的论文。1872 年新西兰达尼丁天文台的斯基第一次建成了一台口径 35 厘米并可以成像的旋转水银镜面望远镜，这台望远镜曾经在新西兰学院展出。斯基使用了两种不同方法来转动水银盘，一种是使用钟摆来控制转轴的旋转，另一种是用水力的转轮装置，两种方法都可以获得很好的星像质量。如果要改变焦距，只要改变转动速度就可以实现。他通过在望远镜上面的一面倾斜平面镜，可以使望远镜观测其他天区。斯基在 1874 年的论文中还记述了他曾经于 1857 年在英国建造了同样的旋转水银镜面望远镜。

几乎同时，一位美国教授也提出了一个口径达 6.6 米旋转水银镜面望远镜的计划。他计划在望远镜中心部分放置一把可以在焦点进行观测用的椅子。为了使望远镜能够覆盖整个天区，他设想在抛物面上方使用两个平面定天镜来引导星光。这个计划过分复杂，困难太多，最终搁浅。

1909 年美国霍普金斯大学的伍德对旋转水银镜面望远镜进行了大量研究，连续发表 3 篇论文。他将水银镜面安置在真空容器内以减少空气中的气流，并使用不接触的磁铁来驱动水银镜面，以减少镜面的振动。这台望远镜的水银面产生波动的最后原因是轴承水平度不高和驱动速度的不均匀。经过改进设计，一台 0.5 米旋转水银镜面望远镜终于在纽约长岛一个深 4.3 米的地下室中建成，望远镜分辨率达到 2.3 角秒。伍德使用这台光学望远镜进行了多次天文观测。不过这台望远镜由于驱动速度变化，焦距会周期性地变化约 2 厘米。伍德经过非常仔细地检查发现虽然电机没有任何振动，但是行人在 50 米范围内的脚步、马车在 0.125 英里内的行动以及在风暴以后的 0.25 英里之内的潮汐起伏都会对望远镜的焦距有直接影响。

在旋转水银镜面望远镜中，需要对镜面的转盘进行精确细微的调整。因为只要这个误差存在，星像就会呈三角形彗差形状。存在彗差，星的轨迹就不是一条细线，而是由一串珠子连成的轨迹。伍德在旋转水银镜面上倒上环氧树脂，制造出凸面抛物面。他还在水银面上加入一层很薄的油用来减少表面振动，不过要完全避免水银镜面的振动几乎是不太可能的。

1960 年使用旋转环氧树脂表面固化的抛物面镜面被红外和射电波段使用。1980 年亚利桑那大学镜面实验室采用旋转玻璃浇铸的方法生产出了大口径蜂窝玻璃镜面。1985 年苏联的卡尔科夫州立大学利用蓖麻油作为反射面建造了 14 厘米的旋转反射望远镜。为了减少震动，这个反射面放置在一个以同样速度转动的，较大的旋转水面上。这样内旋转镜可以自动保持水平位置。

1982 年加拿大拉瓦尔大学的波若教授发表了关于旋转水银镜面望远镜的一篇论文。同时拉瓦尔大学和英属哥伦比亚大学联合建造了 1 米、1.2 米、1.5 米、1.65 米和 2.64 米一系列旋转水银镜面望远镜。这架 2.64 米望远镜通过位于主焦点上接收器的运动来实现对天体的跟踪。2004 年一台 6 米旋转水银镜面望远镜建成。在这些望远镜中，他们采用晶体振荡器来稳定转速，使用空气轴承和同步电机技术来减少震动。经过光学测量，这台 6 米望远镜镜面误差仅仅是光波波长的 1/30。后来美国航天局也建造了一台 3 米旋转水银镜面望远镜。现在加拿大正计划建造一个包括很多台 6 米旋转水银镜面望远镜的阵列。

旋转水银镜面望远镜是一种高度角固定的光学望远镜，它的视场和功能受到很大限制。但是它也有很多优点：造价很低，不需要很复杂的镜面支撑系统和跟踪系统，也不需要很坚固的镜筒结构；另外光的散射量小，可以控制焦距。

现在水银镜面望远镜的水银使用量很小，水银部分厚度仅仅是 0.5 毫米。由于水银密度大，并且有毒，因此可以考虑用其他金属来代替水银。现在可以考虑的金属有锗或铟。另外如果在空间形成一个稳定的加速度方向，可以建造空间轨道旋转水银镜面望远镜，这将是一项有重要意义的课题。空间望远镜的推进力可以产生重力效应，同时在空间由于没有重力，可以去掉旋转镜面的轴承装置。

在新材料光学望远镜的队伍中，另一种有前途的新型光学材料是碳纤维增强复合材料。碳纤维增强复合材料中的主要成分是碳纤维，这是一种含碳量 90% 以上的纤维。如果纤维中含碳量超过 99%，则称为石墨烯纤维。碳或者石墨烯纤维均具有非常优秀的物理和化学性能，它们具有低比重、高强度、高模量、耐腐蚀、耐摩擦、耐高温、轴向负膨胀率、导电和导热等诸多优点。它们的密度不到钢的三分之一，强度却是钢的十倍以上。由于碳纤维只有拉伸强度，所以必须与胶黏剂一起经过复合工艺后制成复合材料。碳纤维复合材料同样具有高强度、高模量、低比重、低膨胀率的优点。它可以应用在望远镜的其他结构上，也同样可以制造精密光学镜面。

2006 年美国制造了一台 1.5 米全碳纤维合成材料的光学望远镜（图 59）。图中显示的仅仅是这台望远镜的镜筒部分。这台望远镜的最大特点就是它的主镜也是由碳纤维合成材料利用复制方法制成的。这是现阶段可以在光学波段使用的最大口径的碳纤维复合材料镜面。镜面的前后表面是相同形状的新月形等厚结构，

图 59　1.5 米全碳纤维光学望远镜

镜面的中间是具有等高度的碳纤维复合材料
的隔离层。

图 60　1.5 米六杆支撑光学望远镜

　　同一年一台全部结构采用碳纤维合成材
料 6 杆支撑式的 1.5 米德国波鸿鲁尔大学光
学天文望远镜在智利建成（图 60）。这台望
远镜的镜面材料是微晶玻璃，主镜厚度 5.5
厘米。和一般的光学望远镜镜面使用力传感
器支撑不同，这台望远镜主镜安放在一个膨

胀系数小于 10^{-7} 的碳纤维复合材料的桁架结构上，镜面的变形依靠 36 个压电陶瓷
位移传感器实现主动控制。因为主镜镜面和碳纤维桁架是一个整体，所以也称为复
合镜面。这台望远镜的另一个特点是它的传动系统没有使用通常的高度地平轴装置，
也没有使用角度编码器。这台望远镜的指向是由六根长度可以精确控制的杆件来实
现的，而且它使用了航天工程中的陀螺仪来确定它的真正指向。所以望远镜的结构
十分灵巧，重量非常轻，造价也不高。

　　碳纤维起源于 19 世纪，英国人斯旺最早用碳丝制造电灯泡的灯丝，后来美国
人爱迪生做出了实用的白炽灯碳灯丝。早期碳灯丝是利用棉花纤维或竹纤维碳化后
制造的。1910 年库里奇发明了钨丝灯泡，将碳纤维打入冷宫。20 世纪 50 年代以后，
为了解决导弹喷管和弹头耐高温和耐腐蚀问题，美国研制出粘胶基碳纤维材料。很
快碳纤维就大量应用于航空航天工业中。

　　日本人在碳纤维的发展上做出了显著贡献。1959 年近藤昭男发明了聚丙烯腈
(PAN) 基碳纤维。1962 年日本东丽公司开始研制 PAN 基碳纤维，但由于原丝质
量不佳被迫停止研制。 1967 年东丽公司重整旗鼓，研制适合制造碳纤维的共聚
PAN 级原丝，突破了预氧化和碳化的工艺设备的难点。

　　1971 年东丽公司建成了年产 12 吨碳纤维的试验生产线，1974 年产能达到了

156 吨，东丽公司正式将该型号碳纤维命名为 T300。然而直到 1980 年东丽公司的碳纤维的拉伸强度才达到 T300 今天的 3530 兆帕的标准，也就是说东丽公司从研制出 T300 碳纤维到改进完善到今天的程度用了大约 10 年之久。东丽公司此后又研制了 T400、T700、T800、T1000、T1100、T1200 等多个系列的高强度碳纤维。此外该公司还研制了 M30、M35、M40、M46、M50、M55、M60 和 M70 等多个系列的高模量（可以理解为高刚度）碳纤维。

T 系列高强度碳纤维中 T300 系列的拉伸模量为 3530 兆帕，T700 达到了 4900 兆帕，而 T800 进一步提高到 5490 兆帕，至于 T1000 更是高达 6370 兆帕。虽然由这些数据可以看到产品编号中数字越高性能越好，但是 T300 或 T800 等编号中的 300、800 等数字却并没有具体对应它们的性能数据。到此，读者或许意识到日本东丽公司在碳纤维行业中举足轻重的地位了。实际上也确实如此，其公司产品编号直接被行业用作碳纤维的分级。

碳纤维的重要力学指标包括拉伸强度、拉伸模量、断裂伸长率等。理论上碳纤维的拉伸强度可达到 180 吉帕，拉伸模量在 1000 吉帕左右，目前已经研制出拉伸强度为 9 吉帕的高强碳纤维，和拉伸模量为 690 吉帕的高模碳纤维。碳纤维的断裂伸长率指标对应 T300 级别是 1.5%，T1000 级别是 2.4%。

按照丝束中的单丝数量，碳纤维又可分为小丝束和大丝束两种。相比小丝束，大丝束在制作板材等结构时，丝束不易展开，使单层厚度增加，不利结构设计。大丝束碳纤维粘连、断丝现象多，使强度和刚度受影响，而性能较低，被称为"工业级"碳纤维。飞机和航天器一般只用小丝束碳纤维，被称为"宇航级"碳纤维。

早期曾以丝束中单丝数量 12000（12k）根作为分界线，单丝数量 1k~24k 根的碳纤维被归为小丝束，而 48k 根以上被划为大丝束。随着技术的进步，小丝束与大丝束之间的分界线还会向上推。

除了传统的圆截面碳纤维，异形截面碳纤维也日益得到人们的关注，由特殊几何形状的喷丝板孔挤压出来，具有抱合力强、力学性能高等优点。更重要的一点是通过改变碳纤维的截面形状可以提高吸波性能，这种结构性吸波材料在军工领域得到很好的应用，美国 B-2 等隐身飞机就使用了异形截面碳纤维作为吸波材料。

东丽公司出产的各种碳纤维型号中，还加有不同的字母后缀，如 T300J、T400H、T700S 和 T700G 等，其中 J 表示相比基本型号增强了拉伸强度，H 表示相比基本型和 J 型号增强了拉伸强度和拉伸模量，S 表示拉伸强度最高，G 表示在 S 型号基础上进一步增强拉伸模量和黏合性能。2014 年东丽公司宣布成功研制出 T1100G 型高强高模碳纤维，为什么东丽公司既然已经研制出了 T1200 型碳纤维，反而又新研制出 T1100G 的碳纤维呢？这是因为 T1100G 是 T1100 系列碳纤维中拉伸模量（刚度）最高的型号。至于为什么不直接使用东丽公司 M 系列的高模量碳纤维，而是要持续提高 T 系列高强度碳纤维的模量，东丽公司在宣布研制成功 T1100G 碳纤维时专门指出：高模量和高强度难以两全。东丽公司的产品说明书给出 M60JB 的拉伸强度只有 3820 兆帕。对于强度要求高，模量要求不高的场合，可以使用 T700G、T1000G 等增强了模量的高强度碳纤维。

碳纤维材料具有诸多优点，但其生产工艺流程长，需要突破的技术障碍很多。碳纤维的制造，可以分为原丝制造和碳化两个关键过程。原丝制造，简言之就是先通过丙烯腈聚合和纺纱等工艺聚合制成聚丙烯腈，再纺丝制出聚丙烯腈纤维原丝。聚丙烯腈原丝随后经过预氧化、低温和高温碳化等步骤，最后经过表面处理、上浆烘干并收丝就得到了碳纤维。相对于碳化，生产出高质量的聚丙烯腈原丝是更关键的一步，即使是东丽公司也曾因为原丝质量在碳纤维研制过程中摔过跟头。既要生产出高质量的碳纤维，又要降低生产成本，聚丙烯腈原丝须满足高纯化、高强化、均质化、细纤度化和表面光洁等要求，这些长期以来一直是碳纤维批量生产中最大的拦路虎。

旋转水银镜面和碳纤维材料望远镜都是具有创新思维的光学天文望远镜，这些望远镜的建设极大地解放了人们的思想，为后来一批口径从 4 米到 10 米的新型光学望远镜的发展开辟了道路。

　　天文望远镜的主要目的就是要探索人类所未知的宇宙，望远镜口径越大，所接收光子数目就越多，同时望远镜理论上的分辨率就越高。天文学家感兴趣的天体往往是非常暗淡且极其遥远的，因此也就迫切地需要大口径的现代光学望远镜。另外，十分遥远的天体所发出的光线代表了早期宇宙的特点，和临近我们地球的天体所发出的光线是完全不同的。在这个意义上，对天文学家来说，探索宇宙对望远镜大小的需求绝对不存在极限，永远是口径越大对天文学探索和研究越有利。

17

HET
和凯克 10 米望远镜

在现代光学望远镜的各种设计中，拼合镜面望远镜是增大主镜径厚比最主要的一种形式。因为拼合望远镜的主镜是由许多面小尺寸的子镜组成的，小子镜的厚度可以很小，所以拼合后的望远镜主镜的厚度就比相同口径的单块玻璃的主镜厚度要小很多。目前现有的拼合镜面望远镜中，最大的径厚比已经达到 133:1；而采用其他方法制作的主镜，如新月形的薄镜面，最大的径厚比仅仅是 42:1。同时由于交通运输的限制，单一镜面的望远镜的最大尺寸大约是 8 米到 10 米，所以拼合镜面的方法是实现极大口径望远镜的一种最为有效的方法。

拼合镜面望远镜的试验是从罗斯开始的，1828 年他制造了一块口径 15 厘米的拼合镜面，镜面中间是一块 7.5 厘米的小圆镜面，边缘是一个 3.75 厘米的圆环。他将整个拼合的镜面磨制成球面，然后通过调整中间小圆镜面的位置，在最佳位置时可以使球差减少一半。后来 1950 年代意大利天文学家设想用许多小镜面组成一个固定的球形，通过安装在球面焦面上的一个装置来跟踪天体。这种固定球面射电望远镜的方案被称为旋转鞋靴式的望远镜。这个方案在 1980 年被定为美国下一代光学大望远镜的方案之一。

真正可动的拼合镜面望远镜是尼尔森主持的加州 10 米凯克望远镜。尼尔森在 1980 年参加过讨论下一代光学望远镜的会议，当时他负责研究未来天文望远镜的发展方向。他支持拼合镜面望远镜，但是对拼合球面主镜兴趣不大。他一心想要的是一个真正抛物面的拼合主镜。

在施密特望远镜改正板加工工艺的启发下，很幸运，在他的团队，有一个数学家叫鲁布林纳，他对镜面在外力或者外力矩作用下的变形有着很深入的研究。因此他们得出结论，通过在镜坯上施加力或者力矩，可以使镜面从一个离轴非对称的抛物面改变成一个非常对称的球面。这样反过来使用，就是在镜坯加上所计算的力或者力矩，先将镜坯加工成球面的形状，当这个球面镜上的外力和外力矩解除以后，就可以获得一个非对称的离轴抛物面了。这种光学加工方法被称为预应力加工方法（图 61）。早在 1977 年，尼尔森的团队就提出了制造一台 10 米拼合镜面望远镜的设想。这将是世界上口径最大，也是最神奇的一台光学天文望远镜。

图 61 利用预应力加工法来加工拼合镜面中的子镜面

但是一般在光学加工过程中，镜面边缘部分因为刚度低，只有部分镜面面积接触到磨具，所受到的镇压力会发生变化，从而偏离所需要的磨屑量，所以边缘部分表面形状常常不正确。为了克服这个困难，尼尔森首先加工一块圆形玻璃镜坯，加工后再切割成所需要的六边形的子镜。不过切割过程中应力会释放，也会产生一些镜面误差，但是这部分误差可以通过离子抛光的方法进行局部处理，从而获得十分精确的离轴抛物面六边形的子镜面。

这时的尼尔森万事俱备，只差金钱。经过长时间的游说，1985 年凯克基金会向加州大学和加州理工学院捐助了七千万美元用来建造世界上口径最大的拼合镜面光学天文望远镜。

和海尔 5 米望远镜的赞助者洛克菲勒一样，凯克也是一名石油大亨。凯克家族于 1921 年建立了美国超级石油公司，这个公司曾经是北美洲产油量最大的独立股东石油公司，从此他成为美国巨富。老凯克 1963 年去世之前成立了资本雄厚的凯克基金会。他去世之后，他的石油公司和凯克基金会全部由他的二儿子接管。他的二儿子本身还经营着自己的赛马场和竞技赛车场。在他的精心管理下，他爸爸的超级石油公司和凯克基金会都有很大发展。凯克基金会从原来的 1.2 亿美元的基金，发展到 1980 年已经超过 12 亿美元。超级石油公司的财产也有很快增长，最后于 1984 年以 57 亿美元的好价格卖给了埃克森石油公司。

有了这一大把资金，10 米拼合镜面望远镜的工作稳步前进。这台光学望远镜所使用的六边形子镜面的尺寸是 1.8 米，厚度仅仅 7.5 厘米。为了使每一个六边形的子镜面始终保持在正确位置上，他们在每两个六边形子镜面边缘之间都安装了非常精密的电容式位移传感器。电容器的两个面分别附着在两个子镜面的侧面，由于电容量是由电容器的面积以及电容器中两个电极之间的距离所决定，当电容器电极的面积不变时，它的电容量就取决于两个电极，即两个子镜面之间的高度差。

这台望远镜中每一面子镜面都有 3 个非常敏感的自由度需要进行调节，分别是高度方向上以及沿镜面平面两根轴线的转角方向上的自由度。而每一个子镜和与它相邻的子镜之间一共有 12 个电容式的位移传感器，所以望远镜镜面调整需要的变量数远远小于电容传感器所提供测量值的数目（图 62）。这种情况下望远

图 62　凯克望远镜子镜面背面的支撑结构

镜镜面位置控制方程可以获得确定解。凯克望远镜共有 36 个子镜面，有 108 个位移触动器和 168 个电容式传感器。

采用拼合镜面的凯克光学天文望远镜包括很多子镜面，结构比较复杂，整体共有 59000 个部件，使用了 16000 颗螺钉，单单螺钉总重量就是 4000 千克，它使用了 43000 个螺母，单单螺母总重量就是 1500 千克。整个望远镜的总重量是 500 吨，几乎和 5 米海尔望远镜相当。

1993 年第一台 10 米凯克光学红外望远镜建成（图 63）。83 岁的小凯克指导了望远镜的落成和命名。三年以后的 1996 年，小凯克因病去世。小凯克在生前曾经卷入过政治捐款的丑闻，试图用捐款来获得议会支持，以通过关于石油资源私有化的议案。虽然最终议案被总统否决，但是小凯克本人并没有受到任何惩罚。第一台凯克光学红外望远镜的实际造价是 9350 万美元。在第一台凯克望远镜成

图 63　凯克 10 米光学红外望远镜

功以后，凯克基金会又再次进行资助。1998 年第二台凯克望远镜建成，它的造价只有 7770 万美元。

2007 年凯克望远镜观测到了 6 个距离我们 132 亿光年的河外星系，这些星系是在大爆炸后 5 亿年时所形成的。2011 年这台望远镜又发现了大爆炸以后 4.8 亿年所形成的早期星系。这些重要的观测成果证明了望远镜工程的巨大成功。

凯克望远镜的成功引起了西班牙天文界的注意。2003 年西班牙天文界决定复制一台同样结构的拼合镜面望远镜，2008 年 10.4 米大卡纳瑞拼合镜面望远镜顺利建成。它的圆顶高 42 米，圆顶重量 500 吨。这台望远镜除了望远镜的镜筒部分有一些小的结构改动以外，几乎和凯克望远镜完全相同。改动后的镜筒似乎比凯克望远镜的更坚固一些（图 64）。

图 64　10 米西班牙拼合镜面望远镜

由于德州石油工业的兴起，德州大学曾经是美国最有钱的大学之一。1981 年德州大学决定建造一台 7.6 米的光学天文望远镜。很快他们就筹集到建造望远镜第一笔 60 万美元的捐款，望远镜的最终目标是 4500 万美元。不像加州大学的拼合抛物面望远镜，德州天文台的这台望远镜从一开始就不想使用新的、不成熟的技术，所以他们采取了比较保守的设计方案。不过很快由于世界上对石油产品的需求不足，石油价格连续下降，德州大学发现经费难以筹集，望远镜工程也就毫无声息。几乎同时，宾州州立大学也正在设计一台大口径光谱巡天望远镜。同样他们也使用了简单的球面子镜面和固定高度角的设计。他们的经费也十分有限。1988 年德州大学正式加入宾州这个项目，与宾州州立大学联合来完成这个大天文工程。这个项目的主要款项来自两名十分有钱的捐款者：一个是德州副州长霍比，一个是宾州煤气大王埃伯利。1996 年望远镜项目完成后，按照捐款者的名字，改名为霍比 - 埃伯利光学望远镜（HET）。

由于总经费的原因，在凯克 10 米望远镜获得资金的时候，德州和宾州州立大学仍然坚持拼合球面的望远镜方案。不过他们将主镜的高度角固定在 55 度，并增加了方位上的不连续的转动。利用焦点上两个镜面作为改正镜系统，这样可以实现消球差、彗差，获得 4 角分的视场，后来改变了改正镜的设计，视场角增加到 18 角分。德州大学邀请了曾经主持过新墨西哥州 3.5 米新技术望远镜的西布林担任项目经理。这台拼合镜面望远镜的主镜最大直径是 11 米，其观测的等效面积相当于口径 9.2 米，它的主镜包括 91 面 1 米尺寸的六边形球面子镜面。每个子镜都有三个调整高度的位移触动器，可以主动调节面板的高度和在两个倾斜方向上的角度。由于镜面的高度角 55 度固定不变，所以镜面和镜面之间就不需要十分精密的电容传感器。主镜面的曲率半径为 26.164 米。主镜面可以在方位上通过 8 个空气轴承的作用进行转动，而停靠在 6 个不同的方向上。它的地平轨道直径 15 米，望远镜对天体的跟踪通过焦点装置的移动来实现，它可以实现对 70% 天区的观测。望远镜的圆顶用一个激光引导装置控制。因为他们的目标是一台光谱望远镜，所以对像质的要求低。所有这些特点使这台望远镜造价很低，建设时间很短。它从 1994 年开始建设，于 1996 年就已经建成。它的总造价是 1400 万美元，是同口径光学天文望远镜造价的六分之一。

1968 年，美国德州大学 2.6 米光学天文望远镜曾经是世界上口径第二的光学天文望远镜。时隔 30 年，1997 年德州和宾州州立大学的 9.2 米光学天文望远镜 HET 同样是一台口径世界第二的光学天文望远镜（图 65）。不过这台望远镜在这个位置仅仅保持了 2 年，1998 年第二台凯克望远镜建成，HET 就降为世界第三大口径的光学天文望远镜了。

图65　HET 9.2 米光学望远镜

图66 南非10米球面镜望远镜

　　HET的成功同样引起资金并不很雄厚的南非天文界的注意。2005年南非很快就建成了一台结构几乎完全相同的南非大口径光学望远镜（图66）。这两台望远镜之间的唯一的差别是南非望远镜的球差改正镜可以有更大的视场。南非大光学望远镜总共耗资二千万美元，是同口径光学望远镜的四分之一左右。由于这台光学望远镜的建成，南非一下子成为全球天文界十分重要的成员，之后他们又将注意力放到了一个名叫平方千米射电干涉阵的建设上。

18
双子望远镜 和甚大望远镜

　　20 世纪 80 年代以后，天文界迎来了一个建设更大口径光学望远镜的新时代。当时的美国加州正在筹建凯克 10 米拼合镜面望远镜。在亚利桑那州，美国国家光学天文台主导了下一代光学天文望远镜的研究，提出了制造一台 16 米光学天文望远镜的计划。同时光学天文台也部分地投资 10 米凯克望远镜和旋转蜂窝镜面的研究。由于总的创新不够，美国国家光学天文台的主导地位受到了挑战。加上美国国家科学基金会存在一个 8800 万美元的最大资助限额，所以他们将 16 米口径望远镜的计划改变成为南北两台 8 米光学望远镜的方案，最后演变成为双子望远镜（又译双子星天文台）计划。那时候，英国没有加入欧南台，加上加拿大，他们可以提供另一半资金。最后双子工程成员又扩大到澳大利亚、阿根廷、巴西和智利。两台双子望远镜分别于 1999 年和 2000 年在夏威夷和智利建成（图 67）。双子南北望远镜工程总造价为 1.84 亿美元，平均每个晚上的使用费用是 3.3 万美元。

　　双子望远镜设计团队主要成员来自英国卢瑟福实验室，他们将 3.8 米英国红外望远镜薄镜面的经验进一步加以发挥，所以使用了径厚比很大的薄镜面。镜面采用

图 67　双子望远镜

康宁公司的超低膨胀材料，镜面的磨制公司是法国光学加工中心 REOSC。

与双子望远镜直接竞争的是安杰尔领导的亚利桑那大学团队，他们的计划是一台包括两个 8.4 米蜂窝镜面的大双筒光学望远镜。

欧南台因为意大利和瑞士的加入，资金充裕，前景美好，也同样提出等效口径 16 米的光学天文望远镜的计划。这个计划共有三个方案：一是制造 16 台 4 米光学望远镜，二是制造 4 台 8 米光学望远镜，三是制造 1 台 16 米光学望远镜。第一种方案不需要创新，没有任何突破，但第三种方案所需要的突破太多，风险太大，一时恐怕难以实现。最后他们选择了第二方案，就是建设 4 台 8 米光学天文望远镜的阵列，同时再建设 4 台小口径的光学望远镜来试验光学干涉仪的可能性。

当时的日本，经过奇迹般的高速发展，经济繁荣，有着用不完的资金。当时他们国内只有一台英国制造的 1.88 米赤道式光学望远镜，比中国的 2.16 米光学望远镜要小很多。但他们决心要独立完成一台 8.4 米昴星团光学天文望远镜，以便一下子登上世界光学天文望远镜的顶峰。这台昴星团望远镜同样是一台薄镜面光学望远镜，它的镜面厚度为 0.2 米，径厚比为 42，镜面重量为 22.8 吨。

所有以上的望远镜计划，除了大双筒望远镜外，有一个共同的特点：它们几乎都是口径达到极限的单一薄镜面的光学望远镜。当然双筒望远镜以及欧南台的 4 台望远镜最终要形成一个干涉仪，这是后话。这些望远镜连同凯克望远镜和后面将要介绍的 6.5 米和 8.4 米的麦哲伦望远镜共同组成了一群 20 世纪末的 10 米级大口径光学天文望远镜的阵营。

自从 19 世纪后期美国的克拉克制造出世界上口径最大的折射望远镜以来，在望远镜领域曾经辉煌地主导过早期天文望远镜技术和发展的欧洲一蹶不振，美国几乎垄断了所有最大口径的折射和反射光学望远镜。尽管英国和德国一直拥有非常著名的望远镜或者光学制造公司，但是欧洲的光学天文望远镜一直都没有再出现一次真正的繁荣。

　　3.8 米英澳望远镜和 3.6 米欧南台望远镜则只是一些中等口径的天文望远镜。4.2 米赫歇尔望远镜的支架设计革命性地采用了地平式结构，但是在其他方面仍然是非常传统的设计。3.5 米新技术望远镜是世界上第一台主动光学天文望远镜。不过它的口径实在太小，影响力也很小。而这一次欧南台决心一下子建设规模庞大的四台 8.2 米光学天文望远镜，想在世界天文望远镜的领域重振雄风。

　　欧洲甚大望远镜阵共耗资 5 亿美元，它每一台望远镜的直径都是 8.2 米，重达 470 吨。它的主镜重达 22 吨，主镜厚度只有 18 厘米。镜面的直径厚度比达到 45。这些望远镜继承了新技术望远镜主动光学的传统。在每台望远镜的主镜

图 68　欧洲南方天文台甚大望远镜阵的四台大望远镜

面背面各有 150 个可以控制支撑力大小的力触动器，另外还安装了能够补偿大气扰动的自适应光学装置。望远镜的镜面主动控制常常基于镜面振动模的形状来拟合，低阶振动模能量高，对镜面变形影响大，高阶振动模能量低，对镜面的变形影响小。

在智利的北部的帕瑞纳山顶上，四台望远镜分别安装在四个圆柱形的圆顶室内。每个圆顶室直径 50 米，高度也是 50 米。相邻两个望远镜圆顶室之间的距离也正好是 50 米，在山顶上形成了一幅十分壮观的景象（图 68）。欧洲南方天文台甚大望远镜阵实际上还包括另外 4 台 1.8 米可以移动的附属光学望远镜。这组望远镜最终会和 4 台 8.2 米光学天文望远镜共同成像，形成一个光学干涉仪。因此，在这个望远镜阵的场地上，有一套十分复杂的光线叠加系统，补偿装置将每一个望远镜的光通过真空管道进行传送，并对它们的相位进行补偿而最后实现干涉成像。这是一个长远计划，在实现这一点之前，每一台望远镜都可以独立地进行天文观测。

欧洲南方天文台的甚大望远镜阵是一组十分重要的光学天文望远镜，这组光学天文望远镜将再一次使欧洲在光学天文望远镜方面占据一个前沿的位置。

早在这 4 台 8.2 米光学天文望远镜建成之前，欧洲南方天文台就在智利北部沙漠深处望远镜所在地，建造了一处十分现代化、装饰考究的天文学家住宅群。这个巨大的住宅群深藏在地面之下，顶部有宏大的玻璃穹顶，内部有巨大的清澈见底的游泳池。围绕着游泳池的则是弯曲的回廊和浓密的热带植物。这里有舒适的沙滩躺椅，有明亮的饭厅和整洁的宿舍。这里的饭厅 24 小时均有食品供应，提供各种风味的餐点、甜食、果汁和饮料。天文台也提供洗衣服务。这些建筑就如茫茫大海中矗立起的迪拜塔一样，完全是荒漠之中的一处超 5 星级的酒店。但是和酒店不同，这里提供的一切全部是免费的。如果加上欧南台在圣地亚哥和拉塞拉山顶等的招待所设施，以及欧南台在智利安排的小飞机和高级的卧铺大巴，可以说欧洲人在这个第三世界的贫困国家创建了一种超越 21 世纪的生活标准（图 69）。

欧洲南方天文台不但居住条件好、生活标准高，就连接待工作也是第一流的。

图 69　欧洲南方天文台在茫茫沙漠中的现代化公寓的外部和内部景色

假如你收到欧南台的观测邀请，一定能体验到这种高水平的接待方式。这时欧南台的秘书会立即和你联系，为你购买好所需要的飞机票。如果你需要获得智利签证，欧南台作为一个在智利拥有外交特权的机构，可以为你的签证直接照会智利外交部，使你能够快捷轻松地获得所需要的签证。不过智利外交部也常常会"过分"照顾你，将签证升级为多次往返的签证类型，你会因此稍微多支付一些签证费用。不过这笔费用你也不必担心，欧南台会为你全部报销。

当飞机抵达圣地亚哥机场，步出海关大厅时，你肯定可以在候机大厅众多人群之中看到一名年轻人举着你的名字在等候你。他不但能清楚地用英语说出欧洲南方天文台的读音，而且服务热情，为你将行李一直提到他的汽车停靠处。然后将你顺利送达天文台在圣地亚哥的招待所。欧南台的招待所不像山顶上的公寓，没有很大，但是有餐厅、图书馆、电视室，还有小花园和游泳池，好像一个现代化的农庄庄园。所有的房间和旅馆的一样干净整洁。一进入招待所，一个写有你名字的信封会立即交到你手上，内有你的房间号码、你的行程安排、你的小飞机离开圣地亚哥的时间和日期以及接你去机场的出租车到达招待所时间。饭厅内的服务是按照欧洲贵族正式聚餐程序安排的，有专门人员为你倒酒、加菜和服务，把你服侍得像庄园主的客人一样。

欧洲南方天文台所使用的包机只有八九个座位，经过大概 40 分钟的短暂飞行，你的小飞机就到达天文台所在地的机场。在这里同样已经有专车在等候，经过 20 分钟的山路旅行就可以抵达山上的天文学家公寓。如果你是第一次来到这里，进入天文台后，还会有人指引你去你的房间，发给你在山上观测需要的棉衣。

如果需要洗衣服，只要将脏衣服放入指定袋子内，到晚上服务员就会将洗好的衣服整整齐齐地叠放在你的房间。在山上的饭厅，24 小时随时都可以吃饭，并且还备有各种饮料和甜点。在山上，这所有一切均是免费供应，你无处可以花钱。不过如果你要在周末下山住到市内的招待所，则需要按天数缴纳比较昂贵的住宿费用，这不属于免费的范围。

欧洲南方天文台中，在智利工作的欧洲天文学家全部是外交官待遇，他们不需要缴纳税款，反而拥有十分可观的海外补贴。他们常常都居住在首都圣地亚哥最东部的富人居住区。圣地亚哥的机场位于城市的最西部，是穷人集中的区域，越靠近城市东部，城市的面貌就越好，市场上的商品就越贵。在最东部，则几乎家家有花园和游泳池。智利的人工费用很低，所以这些天文学家家里几乎都有专门做饭的女佣和专门整理花园的工人。

20 世纪 90 年代，与甚大望远镜阵建设同时，双子望远镜也在紧张地建设中，在这个工程中，英国是工程中的重要角色，投入了大量的人力物力。虽然望远镜的办公室设立在美国国家光学天文台的楼顶上，但是在最初的设计队伍中，有近一半的工程师来自英国。当时卢瑟福实验室刚刚完成了 15 米口径的英国 – 荷兰毫米波天文望远镜的工程，所以其中的一些工程师就飞越大西洋，来到沙漠之城图森。

双子望远镜包括几乎完全相同的南北两个 8.1 米大望远镜：北方望远镜建设在夏威夷山顶，南方望远镜建设在智利北部山区。它的两块巨大的 8.1 米熔融石英镜坯来自康宁玻璃公司，每块重量是 22 吨，它是熔合了 36 块六边形超低膨胀玻璃拼接而成的。这台望远镜采用了厚度很薄的薄镜面主镜。传统的望远镜镜面直径厚度比为 6 ：1，而双子望远镜的主镜镜面直径厚度比是 50 ：1，8.1 米的巨大镜面的厚度仅仅有 16 厘米。在主镜的背面排列了 5 圈 120 个液压和气压的支撑装置。液压装置为主镜提供稳定的支撑力，而气压装置部分则提供很小的可以变化的支撑力，从而主动地控制望远镜的镜面形状。气压装置部分的作用力很小，最大不过 20 牛顿，相当于 2 千克，可以使望远镜的镜面变形的均方根值近 200 纳米，从而使镜面形状和一个理想抛物面的差别只有 4 纳米。南北双子 8.1 米望远镜分别于 2000 年和 2002 年建成。

这项工程和凯克望远镜类似，两台望远镜总耗资约 1.84 亿美元。在望远镜运行了 12 年后，英国在 2012 年因为财政困难正式退出了双子望远镜工程。另一方面，英国在 2010 年建成了一台 VISTA 4.1 米红外大视场望远镜，准备最终回归到欧洲南方天文台的大家庭中。

19

昴星团望远镜
和其他光学望远镜

图 70　日本 8.2 米昴星团望远镜

　　除欧洲和美国之外，目前唯一拥有大口径单镜面光学天文望远镜的国家是日本。日本 8.2 米昴星团望远镜（Subaru Telescope）座落在夏威夷大岛的山顶上，它的圆顶紧紧靠着两台凯克 10 米拼合镜面望远镜（图 70）。这是当时世界上口径最大的一台单镜面光学望远镜。它的造价高达 3.7 亿美元，几乎是同样口径光学望远镜的四倍。在这台望远镜建成之前，日本本土仅有一台 1960 年英国格拉布公司生产的 1.88 米光学望远镜。

　　昴星团是金牛座中一个十分漂亮的星团。日本的这台望远镜具有非常复杂的望远镜结构。它的设计从 1984 年开始，一直到 1990 年。它的建造从 1991 年开始，一直到 1999 年完工。全部工期长达 15 年。虽然这台望远镜的主镜厚度只有 20 厘米，但是镜面重量仍然有 23 吨。这个主镜是由 261 个可以调节的平衡重支撑，可以获得 0.1 微米的镜面精度。这台复杂的望远镜总共有三个副镜和四个焦点位置，主焦点的视场达到 1 平方度，是一个集光面积最大的、具有较大视场的光学望远镜。

昴星团光学望远镜的制造过程中，共发生过两次重大事故，总共有四人不幸身亡。一位是在 1993 年部件运输时，由于叉车翻倒而被挤死。另外三位是在 1996 年由于电焊火花引燃化学绝热材料，产生烟雾中毒而死。在这次火灾事故中，还有 26 人被送往医院进行紧急抢救。现在在这台望远镜的基座上，仍保留了一块纪念牌用来纪念这些死伤者。

日本除了这台直径最大的单镜面光学望远镜外，东京大学还在智利大沙漠的高山上建造了一台 6.5 米红外光学望远镜。这台望远镜于 2016 年建成。它和另两台现存的 6.5 米麦哲伦望远镜具有几乎完全相同的结构。图 71 是这台望远镜的结构图。其中右图是 6.5 米麦哲伦望远镜中的一台。这三台光学望远镜使用的镜面均是镜面实验室所制造的旋转蜂窝三明治镜面。后来镜面实验室又浇铸了直径 8.4 米旋转蜂窝镜面，这些镜面分别用于大口径双筒望远镜（图 72），三镜面大视场望远镜和 22 米大麦哲伦望远镜的主镜中了。

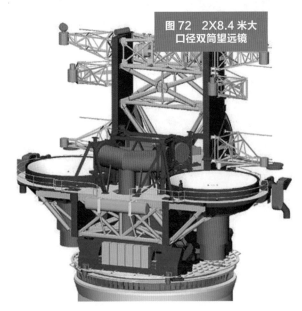

图 72　2X8.4 米大口径双筒望远镜

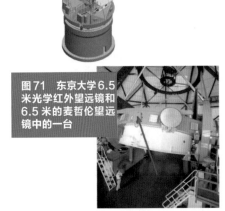

图 71　东京大学 6.5 米光学红外望远镜和 6.5 米的麦哲伦望远镜中的一台

20

现代中等口径望远镜

1989 年欧洲南方天文台建成 3.5 米新技术望远镜之后，1991 年天体物理研究集团建成了 3.5 米光学天文望远镜，1994 年美国基特峰天文台建成了 3.5 米 WIYN 光学望远镜。这些望远镜均是现代主动光学望远镜。

1994 年美国空军建成 3.5 米星火望远镜（图 73），1996 年美国空军又建成了一台 3.67 米的光电系统望远镜（图 74），1997 年意大利建成了 3.58 米伽利略国家望远镜（图 75）。

在这一大批 3.5 米级的光学望远镜之后，又出现了一批 4 米级光学望远镜。2002 年美国络厄尔天文台建成了 4.3 米发现频道望远镜（图 76），2010 年英国建造了 4.1 米光学红外巡天望远镜（图 77），2005 年南方天体物理集团建成了 4.1 米 SOAR 光学望远镜（图 78）。

新建的中等口径望远镜还包括 2015 年建成的 3.6 米印度光学望远镜（图 79）和伊朗 3.4 米光学望远镜。3.6 米印度光学望远镜的制造公司是比利时现代机械光学系统公司。这台印度望远镜台址位于我国阿里地区的南部喜马拉雅山的南麓，地

图 73　美国空军
3.5 米星火望远镜

图 74　美国空军 3.67
米光电系统望远镜

图 76　4.3 米发现频道望远镜

图 75　意大利 3.58 米伽利略望远镜

图 78 南方天体物理
集团 4.1 米望远镜

图 77 英国 4.1 米
红外巡天望远镜

图 79 3.6 米
印度望远镜

理坐标是东经 79 度 41 分，北纬 29 度 23 分，高度 2540 米，当地大气视宁度为 2 角秒。望远镜的总造价为 4200 万欧元，其中比利时承担 200 万欧元。图 80 是伊朗正在研制的一台 3.4 米光学天文望远镜。现代机械光学系统公司正在为土耳其建造一台 4 米望远镜。

2010 年美国空军建造了第一台口径 1.8 米泛星计划全景巡天望远镜（图 81），这一组大视场望远镜计划是四台，后来发生了计划改变，不再建造其他三台 1.8 米的望远镜了。同年美国空军在新墨西哥州耗费 1.1 亿美元，完成了一台长镜筒的 3.5 米三镜面大视场 DSST 望远镜，视场达 3.5 度（图 82）。

这些中等口径的光学望远镜有一个共同点，就是它们都是具有主动光学特点的现代光学望远镜。它们采用了膨胀系数很低的微晶玻璃、熔融石英或者是含钛的超低膨胀系数的玻璃材料，镜体形状也一般都是温度变形小的、新月形的等厚曲面。

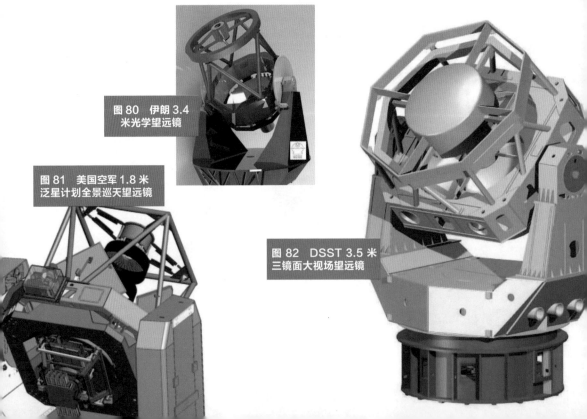

图 80　伊朗 3.4 米光学望远镜

图 81　美国空军 1.8 米泛星计划全景巡天望远镜

图 82　DSST 3.5 米三镜面大视场望远镜

其中 TNG 3.58 米意大利望远镜的主镜材料是微晶玻璃，厚度约 24 厘米，直径厚度比是 14.6。它的主镜的背面安装了 78 个用于主动光学调节的触动器。南方天体物理研究会的 4.1 米望远镜的主镜材料是超低膨胀玻璃，主镜厚度 10 厘米，直径厚度比是 41。这台望远镜和发现频道 4.3 米望远镜均是西布林工程师主持设计的，西布林曾经是麦克唐纳天文台 9 米拼合镜面望远镜和新墨西哥州 3.5 米望远镜的负责人。他在之后还曾担任加州康奈尔 25 米亚毫米波望远镜的项目经理，后来主动退出这个项目，成为望远镜技术的顾问。

口径 4.1 米的 VISTA 红外望远镜的镜面是新月形的截面，厚度是 17 厘米。直径厚度比是 24.1。这个望远镜主镜的焦距非常短，只有 4.1 米。由于焦距短，镜面的弯曲程度非常大，所以它的加工过程困难很大。这块镜面是在俄罗斯加工的，磨制加工的时间长达 2 年。这台望远镜的主镜背面共有 81 个用于主动光学的触动器，镜面边缘有 24 个触动器，可用视场为 1.65 度。为了避免来自主镜室的热辐射，它的副镜的直径比实际需要的要小，同时在像场改正镜的球面表面附近，安装了一些供冷却用的遮光罩，组成了一个非常重的长杜瓦瓶装置。这个杜瓦瓶长达 2 米，直径 95 厘米，重 1.5 吨。所以这台望远镜镜筒非常结实，也非常独特。整个望远镜造价为 5600 百万美元。

口径 4.3 米的发现频道望远镜的主镜价值 300 万美元，也是超低膨胀玻璃镜面，厚度 10 厘米，直径厚度比达到 43，镜面重量是 6700 磅。这台望远镜主焦点上提供了一个较大的 2 度视场，卡塞格林焦点上提供了一个 30 角分的视场。望远镜上使用了大气较差色散的改正装置。在这些望远镜的镜面支撑中大多安装有力触动器和传感器。

和 VISTA 望远镜一样，泛星计划望远镜也是大视场望远镜，它原计划是 4 台 1.8 米的小望远镜，用于同时对同一天区的观测，这样经过比对，可以排除 CCD 的缺陷引起的误读，发现任何可能存在的近地天体。现在已经减少了望远镜的数量。

正在建设中的现代光学天文望远镜还有一台4米新技术太阳望远镜 ATST（图83）。由于太阳直射将带来每平方米1200瓦的巨大热能，4米口径就是12.5平方米，这台望远镜所承受的热能将达到万瓦的水平。所以在它的主镜背面和焦点附近都安装有特殊的水冷却装置，利用经过冷却的水流来带走太阳光所带来的巨大热能。

实际上在正在建设的大口径光学望远镜的名单中，还有一台口径8米、视场5度、包括三面反射镜面的新型大视场巡天望远镜 LSST（图84）。

另外同时建造的还有一些小口径光学望远镜，它们包括亚美尼亚2.5米、印度2.3米、乌兹别克斯坦2米、埃及2米、土耳其4米、伊拉克1.2米和塔吉克斯坦1米光学天文望远镜。

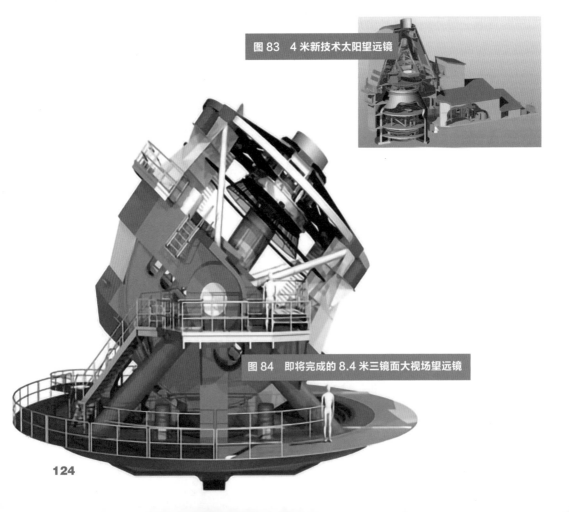

图83　4米新技术太阳望远镜

图84　即将完成的8.4米三镜面大视场望远镜

21
新一代大视场望远镜

自从光学望远镜发明以来，几乎所有光学望远镜视场都很小。而小视场限制了望远镜所能接收信息的总量。照相底片发明以后，天文学家，特别是从事宇宙学研究的学者，非常希望能够进一步增大望远镜的视场，以获得天体更多的信息。

1930 年旅居德国的俄国光学专家施密特在穷愁潦倒的情况之下，发明了具有很大视场的折反射施密特望远镜。这种望远镜的主镜是一个球面，在球面的前方是一个透射球差改正镜。不过透射改正镜当口径大时会在自身重力的作用下，产生不小的变形，所以施密特望远镜的直径还是受到了很大限制。施密特望远镜是天文学上的第一批大视场望远镜。它们中口径最大的是德国的 1.34 米施密特望远镜（图85）。它的视场达到 3.3×3.3 平方度。考虑台址和其他的因素，比较著名的施密

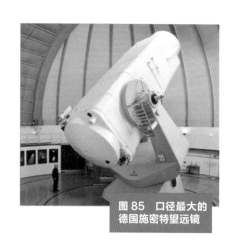

图85　口径最大的德国施密特望远镜

特望远镜是分别位于南北半球的两台 1.2 米施密特望远镜，一台位于美国，一台在澳大利亚。

经典光学望远镜是从抛物面形的主焦点系统发展起来的。这种望远镜，平行于光轴的星光将准确地会聚于它的焦点，形成完美星像，既没有球差，又没有彗差和像散。这时如果再加上一个双曲面副镜，并且将主镜焦点和双曲面的一个焦点重合在一起，就获得了卡塞格林光学系统，如果加上的是椭球面副镜，所获得的就是格里高利系统。卡氏和格氏双镜系统与主焦系统的成像情况完全一致，也是在焦点上成完善的像，而在焦点外，则受到彗差和像散的影响，有效视场很小，只有几十角分。

后来 1910 年左右，美国的天文学家里奇和法国的天文学家克雷蒂安共同发明一种视场较大的 R-C 光学系统。这种光学系统中主镜和副镜都是特殊的双曲面。由于可以通过改变双曲面参数，使整个系统优化，焦面上同时消球差、彗差和像散，这样优化后的系统视场增大，可以达到 1 度左右。不过这种系统不能独立利用它的主焦点。

后来这种 R-C 系统经过变化，在增加视场改正镜后进行统一的系统优化，视场大小还可以进一步增加。这种经过优化的包含改正镜的两镜系统叫作类 R-C 系统。类 R-C 系统的视场就更大，可以超过 1 平方度。

在 20 世纪 50 年代，天文学家发现在焦点前增加像场改正透镜，所获得视场就会增大，一开始由于透镜材料尺寸的限制，改正透镜的口径不大，视场有限制，当改正透镜口径较大时，视场会更大一些，同时增加透镜中的非球面的数量，视场也会增大。利用大口径像场改正镜的光学系统可能达到 2 度以上的视场。

对于大视场望远镜来说，不管是类 R-C 系统，或者是利用卡焦改正镜，光阑的设计均十分重要。光阑的作用是阻止杂散光的影响，它主要包括镜筒外的挡风光阑、副镜光阑、中间悬挂的圆锥面光阑和主镜光阑。有时在望远镜的顶端还要加上口径光阑（图 86）。一般来讲，在主焦系统的大视场望远镜中，光阑的设计比较简单。

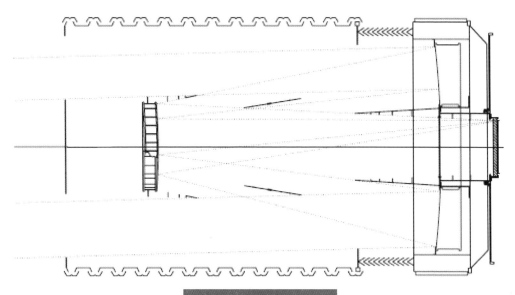

图 86　斯隆望远镜的光阑安排

在开发像场改正镜的同时，一种较大视场的三反射镜望远镜系统诞生了。这种望远镜是在两面共焦点的凸凹抛物面组成的缩焦器上再加上一个反射镜发展而来的。这种三镜系统一开始镜筒很长，它的第二镜和第三镜几乎是对称地排放在主镜的前方和后方。由于所使用的全部是反射镜，所以口径有可能制造得很大。它的主镜是一个类抛物面，而第二镜和第三镜是类球面。经过优化以后，可以达到 4 度的视场。这种系统经过充分研究，一直到 2010 年，美国空军才真正建造了一台 3.5 米三镜面大视场望远镜。

在这种三镜面望远镜的基础上，光学专家梁明发明了一种短镜筒三镜面大视场光学系统。这个系统的第一镜和第三镜处于同一个位置上，第一镜的内孔正好等于第三镜的外径，从而形成一块大的连续镜面。同时望远镜镜筒的长度整整缩短了一半。这种望远镜可以获得小于 1.5 的系统焦比和超过 3 度的视场大小。新近投入制造的美国 8.4 米大口径巡天望远镜（LSST）就采用了这种短筒三镜望远镜的设计。它建成后在天文巡天上将发挥十分重要的作用。

在 21 世纪，伴随着斯隆望远镜的巨大成功，正在涌现一批中等口径的新一代大视场望远镜。这批望远镜的特点是口径一般大于 2 米，视场大于 3 度，具有相对较短的焦距和较强的焦比，较大的中心遮拦，使用非球面的大透镜。

根据接收器的不同，现代大视场望远镜分为两种类型：成像式和光谱式。成像式的望远镜对望远镜的像质要求高，而光谱式的对望远镜的像质要求低。一般成像望远镜需要的改正镜片的数目较多，同时还要配置补偿大气层较差折射的大气较差折射的改正镜。

大气折射是当光线或者电磁波倾斜通过密度随高度变化的大气层时，光线不再保持直线传播的一种现象。由于光线在通过密度不断增加（折射率也不断增加）的空气时，速度也不断降低，产生折射。当这种现象发生在地平面时，会产生海市蜃楼的景象。在天文上，这种大气折射会使望远镜观测到的天体高度角大于天体的实际高度角。大气折射所产生的天体高度角误差从天顶处为零开始，越向着地平面会越来越大。当视天顶距为 45 度的时候，误差会增加到 1 角分；当高度角为 10 度时，误差值是 5.3 角分；当高度角为 5 度时，误差值为 9.9 角分；当高度角为 2 度时，误差值达到 18.4 角分；当到达地平线时，这个值可以高达 35.4 角分（图 87）。大气折射，特别是接近地平时的折射和当时当地的温度、压力、湿度、海拔高度等直接相关，并因此形成了多种多样的日落和日出景象。

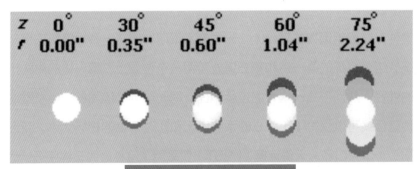

图 87 大气较差折射所形成的像斑

天文大气折射是天顶角的函数，天顶角越大，折射量也越大。在较大视场范围内，不同位置的天体会产生不同的较差折射，这种现象会直接影响到视场的利用。天文大气折射不但会对单色光产生影响，而且对整个电磁波都会产生作用。在可见光部分对紫光所产生作用要比对其他颜色光所产生的作用都要严重。由于折射率是波长的函数，所以大气折射会同时产生大气色散现象。大气色散的结果会使天体颜色分离，形成一个拖长的光谱带。

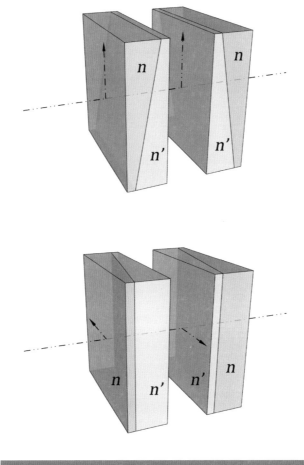

图88　旋转式大气色散改正镜，最大色散位置（上）和最小色散位置（下）

    大气折射的角度差值可以从天体视高度角或实际高度角来计算。大气色散改正镜中最简单的是线性大气色散改正镜。这是由两片对称分布的小角度棱镜所构成的装置，其中一片棱镜可以沿着光轴接近或远离另一片棱镜。在实际使用中，旋转式大气色散改正镜在望远镜中使用更为广泛。旋转式大气色散改正镜一般放置在光路中平行光线的位置上。它本身也有多种形式，最简单的是由两个单片棱镜组成的，相互沿反方向同步旋转。之后发展了由两个双棱镜组合（图 88）的改正镜系统，每一组包括两片简单的不同材料构成的棱镜，这种棱镜组被称为 Risley 棱镜或者 Amici 棱镜。

22
郭守敬望远镜

在拼合镜面光学望远镜的大家族中，有一台十分特殊的成员，这就是中国的郭守敬望远镜，或者称为 LAMOST。这是一台独特的反射式施密特望远镜。

郭守敬生于 1231 年，河北省邢台县人。他的天文专著达 14 种、105 卷。许衡、王恂、郭守敬共同编制了我国古代最先进、施行最久的历法《授时历》。郭守敬还创制和改进了简仪、圭表、浑天象、仰仪、立运仪、景符、窥几等十几件天文仪器仪表；还在全国各地设立二十七个观测站，进行了大规模的"四海测量"，新测二十八宿距度，平均误差不到 5 角分；测定了黄赤交角新值，误差仅 1 角分；推算出回归年长度为 365.2425 日，与现今通行的公历值几乎完全一致。

中国古代曾经有过天文学和天文仪器发展的辉煌时代，但是近代 300 年间，列强入侵，掠夺大量财富，导致中国天文学，包括天文望远镜的研究和制造，一直落后于西方强国。1900 年八国联军入侵北京，将中国皇家天文台、北京古观象台洗劫一空。观象台上珍贵的天文仪器全被列强瓜分。直到第一次世界大战以后，这些仪器才重归故里。

中国现代天文研究虽然起步晚，但是中国保有天文望远镜的研制部门，改革开放以前我国天文仪器几乎全部是自己制造的。1987年上海天文台自己研制了1.56米光学天文望远镜（图89）。1989年由中国科学院、北京天文台、南京天仪厂等单位共同研制了2.16米光学天文望远镜（图90）。

南京天光所和南京天仪厂还先后研制了1.2米红外望远镜、1.2米施密特望远镜、多种太阳色球太阳磁场望远镜、13.7米毫米波望远镜、等高仪、天顶筒、子午环等众多种类的天文仪器。其中比较重要的是郭守敬望远镜。

郭守敬望远镜是一台特殊的反射施密特望远镜。这种望远镜在世界上绝无仅有。它包括一个固定的拼合球面主镜和一个拼合的、主动控制的、支撑在地平和高度轴上的反射

图89　上海天文台1.56米光学望远镜

图90　国家天文台的2.16米光学望远镜

施密特改正镜。实际上这是一个子午仪。在天文仪器设计中，子午仪几乎不能跟踪天体的周日运动。对于一台光谱仪器，不能对天体进行跟踪是一个很大的缺点。所以，在这台望远镜的设计中，通过改正镜方位和高度的小角度转动，以及焦面的相应转动，使望远镜能够在有限的时间（±0.75小时）内，始终跟踪视场上的恒星天体。注意，因为球面主镜是固定的，所以这时望远镜的光学系统已经偏离经典的反射施密特光学系统，它的改正镜在球面主镜上的投影也已经严重偏离球面镜的中心。它不但具有较大的像差，而且因为望远镜的瞳面偏离球面主镜的轴线，从而产生很严重的星

像渐晕。另外接收器基墩的遮挡、大气折射、杂散光所引起的背景等等都使得像斑能量损失很大，信噪比很低。

光谱工作对星像的质量要求不高。即使没有反射式改正板，仅仅使用一个平面反射镜，施密特系统也仅仅存在球差。如同牛顿当年制造的第一台所谓"牛顿望远镜"一样，即使是一个球面反射镜，居然也能够获得亮星所形成的像。在宇宙线次级粒子的观测中，球面主镜加上一个在球心平面边缘的一圈改正镜，就可以获得很大的可用视场。所以，它可以用于对天上的亮源进行光谱观测工作。但是对于暗星的观测，它显然和可以长期跟踪天体的地平式望远镜没有可比性。

在历史上，子午仪曾经是天文台中的重要仪器，它们对航行中船泊位置坐标的确定具有非常重要意义。但是子午仪观测暗星能力差，所以很早就退出了历史舞台。

郭守敬望远镜又称为大天区多目标光纤光谱望远镜，即 LAMOST（图 91、92）。它的球面主镜达到 6.5×6 平方米，由 37 块 1.1 米六边形镜面拼合而成；它

图 91 郭守敬望远镜（LAMOST）

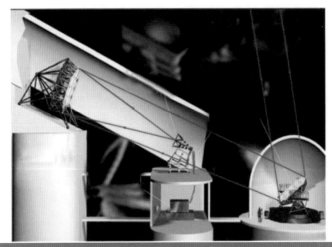

图 92　郭守敬望远镜的改正镜（右）、球面主镜（左）和焦点仪器（中）

的反射式球差改正镜 5.7×4.4 平方米，由 24 块 1.1 米六边形镜面拼合而成。在子午面，望远镜的有效通光面积 4 米，它的有效视场很大，覆盖 20 平方度的天区。在焦面上一共安装了 4000 根光纤，它的分光效率是一般望远镜的几千倍。

这块改正镜是近似于平面的非球面，它的表面形状根据指向而主动变化，但是变化量不大。因此这台望远镜既是拼合镜面望远镜，又是改变镜面形状的主动光学望远镜。

在这台望远镜的研制过程中，曾经遇到很多困难。主要的问题是拼合镜面的表面面形要不断改变。郭守敬望远镜的研制工作整整进行了 10 年，于 2008 年完工。这时，较大口径的 2.5 米大视场望远镜——斯隆望远镜已经完成了很大天区的巡天工作，其中很多天区和很多暗弱的天体也正是郭守敬望远镜的可能观测的目标。而斯隆望远镜看不到的，郭守敬望远镜也很难看到。在这种形势下，要完成出彩的科学工作，是有一定困难的。

23

向 40 米光学望远镜前进

美国在 20 世纪 80 年代，曾经设想过建造一台口径 25 米的国家新技术望远镜，后来发现这个项目太冒进了，所以将口径改为 15 米。当时加州大学天文学家尼尔森提出了要建造一台拼合镜面望远镜，而亚利桑那的安杰尔要建造一台放大了的多镜面望远镜。双方争执不下，最后两个方案全部落空。不过很快，尼尔森从私人凯克基金会那里获得了经费，终于在 90 年代建成了两台 10 米拼合镜面光学望远镜。

2001 年，美国天文界又一次十年一度的评审报告《美国天文学和天体物理展望》出台。报告特别指出 30 米极大口径光学望远镜在天文学上将具有非常重要的意义。这时的美国几乎重复着 20 世纪 80 年代发生的故事。当时美国一共有三个极大口径光学望远镜的提案：国家光学天文台和加州大学各有一个 30 米拼合镜面光学望远镜方案，而亚利桑那大学则提出了一个 22 米大蜂窝镜面拼合镜面望远镜的方案。2003 年美国的两个 30 米拼合镜面望远镜方案合并成为一个统一的 30 米拼合镜面望远镜项目（图 93）。由于这台望远镜口径特别大，建成以后将有巨大影响，夏威夷地方政府破例特地为这台望远镜提供台址。不过美国在金融危机之后，经费十分短缺，根本不能独立支撑这个项目。不得已将这个项目改变成一个国际合作项目，现在参加的国家已经包括加拿大、日本、中国和印度等等。

这台 30 米拼合镜面望远镜的设计工作已经于 2012 年完成，在正常情况下，工程项目在 2018 年应全部完成。然而这是一个经费短缺的年代，一个超过 13 亿美元的超级工程能否筹集到足够的经费，仍然是一个问题。这台望远镜直径 30 米的主镜由 492 面六边形子镜构成，每个子镜面有三个位移触动器，主镜面上所采用的触动器一共有 1476 个，每个子镜面和它的临近子镜面有 6 个位移传感器，主镜面上一共有 2772 个位移传感器。望远镜子镜面的最大尺寸是 1.44 米，厚度为 4.5 厘米。

尽管美国的两个 30 米拼合镜面望远镜方案进行了整合，美国仍然在重复着当年 15 米国家新技术望远镜两不相让的竞争局面。竞争的双方仍然是尼尔森和安杰尔。美国下一代巨型光学望远镜计划中十分重要的竞争方案就是以亚利桑那大学为主的大口径大麦哲伦望远镜。这个方案也是一个拼合镜面的

图 93 美国 30 米拼合镜面光学望远镜

方案，但是它的子镜面不是小六边形镜面，而是 7 面直径 8.4 米旋转浇铸蜂窝镜面，形成一个 24.5 米的镜面大小。这台望远镜的等效口径为 21.4 米。它的副镜是一块非常柔软的薄镜面，可以实现自适应光学的波阵面控制。它的台址也已经确定，位于智利的北部山区。同样由于缺乏经费，它也已经是一个国际合作项目。它的合作者包括十分富有的卡内基基金会，一些美国大学，澳大利亚、智利、南韩和巴西的一些天文单位。2005 年望远镜的第一块镜面浇铸成功。由于它的非球面度很高，加工难度大，经过多年的加工，终于在 2015 年最后完成。它的第二块和第三块镜面已经分别在 2012 和 2013 年浇铸完成。2015 年智利台址正式开工。这台望远镜

图 94　美国 22 米巨型麦哲伦光学望远镜

的预算经费是 6 亿美元，预计在 2025 年完成（图 94）。

在下一代大口径拼合镜面望远镜的计划中，美国因为同时存在两个项目，投资分散，所以口径只能在 30 米以下。而欧洲南方天文台经过全面统筹，没有内部竞争，虽然曾经提出过 100 米的巨无霸望远镜，现在他们提出的是 39 米拼合镜面极大光学望远镜。在近十年内，欧洲经济一蹶不振，经费已经从 15 亿欧元降低到 12.75 亿欧元，最后减少到 10.55 亿欧元。大望远镜的口径也从巨大的 100 米减少到 42 米，一直到现在比较确定下来的 39.3 米。这台 39 米的极大望远镜主镜将包括 798 面 1.4 米的子镜面（图 95），而子镜面的厚度只有 5 厘米。主镜的背面一共有 6000 个各种类型的触动器。它的副镜直径 4.2 米，可以在不少厂家加工。这个巨大的望远镜已经完成了它的设计工作，按

图 95　欧洲 39 米极大口径天文光学望远镜

图 96 　极大口径中子镜面的主动光学支撑系统

计划于 2014 年开始建造（图 96）。整个望远镜将在 2025 年完成。它同样已经在智利北部选择了台址。

在所有这些极大口径的天文望远镜计划中，不但含有可以改善望远镜成像性能的主动光学系统，还包括有改正大气扰动的自适应光学系统和人造激光引导星装置。所有这些，都是下一代巨型天文大光学望远镜的新标志。

24
军用望远镜
侦察卫星

光学望远镜因为具有很高的角分辨率和灵敏度，所以从一开始就直接应用于军事侦察。荷兰眼镜商在发明了折射光学望远镜后，就立即为荷兰军方提供了多架光学望远镜，为荷兰打败西班牙立下了汗马功劳。1769年、1772年和1776年英国库克中尉三次在南太平洋进行了带有军事目的远航。他的船队就配置了多台军用折射光学望远镜（图97）。

图97　库克在1772年航海时使用的两台望远镜

光学望远镜可以用来监察敌方陆海军的活动。由于地球表面的曲率，光学望远镜在地表面侦察范围受到一定的限制，因此早期军队不得不使用比较高的望远镜观测台。1783年发明热气球以后，也很快就应用于军事侦察上。由于热气球受到风的严重影响，并且在获得情报后不能很快地将情报传送出去，所以热气球的军事应用有所限制。1827年发明了照相术，1903年发明了飞机，这才使航空侦察成为可能。

图 98　我国击落的美国 U2 高空侦察飞机

1936 年英国就已经对德国军队进行过航空侦察。在二次世界大战期间，轴心国和同盟国均对对方进行过航空侦察活动。

美国 20 世纪 50 年代开始应用 U2 高空侦察机和黑鸟侦察机进行军事侦察，苏联也使用 M-55 飞机进行侦察活动。当时一些高空照相机镜头的直径已经达到 1 米，照片的分辨率非常高。在古巴危机中美国透露出来的照片使普通民众大吃一惊，照片上拍摄的导弹车一清二楚。1955 年 U2 飞机首飞，它的飞行高度很高，达到两万七千多米，并且配备了电子预警和主动干扰装置。由于飞行高度很高，所以它具有很长很大的翅膀。即使是苏联，那时也很难用地对空导弹将它打下来。1956 年 U2 开始进行高空侦察，1958 年开始对中国进行侦察。1960 年苏联首次击落 U2 飞机。而当时中国年轻的空军运用了灵活战术，1962 年，中国首次击落这种飞机。之后不断欺骗 U2 飞机的预警系统，一连共击落五架这种飞机，为我国两弹一星的研制提供了安全保证（图 98）。

人造卫星上天以后，通常也会在人造卫星上配置具有照相功能的光学望远镜。同时为了能控制人造卫星的轨道，也需要在地面上使用光学观测望远镜。在第一颗人造卫星上天后的 50 多年时间内，世界各国所发射的人造卫星总数就达到 4500 枚，目前天空现存的卫星大约是 850 枚，其中一半以上是美国卫星。在所有卫星中，侦察卫星大约占 40%。在卫星上对地面进行侦察非常方便，卫星和地面相对速度大约是每秒 8 千米，所以可以在很短时间内，覆盖很大的地面面积。

美国原来的侦察卫星是名为锁眼 (KH) 的系列卫星。KH-1 到 KH-4 的直径大约是 0.6 米，分辨率约为 7 到 8 米。当时没有数字传输技术，拍下大批胶卷后，特制的胶卷箱脱离卫星进入大气层，由 C-119 飞机在空中拦截获得所拍的胶片。

一般从拍下照片到看到照片需要很长时间。

在 1971 到 1986 年之间，美国共发射了 20 颗 KH-9 侦察卫星。在 1976 到 1990 年之间，共发射了 10 颗 KH-11 侦察卫星。这些空间侦察望远镜和 1990 年发射的哈勃天文望远镜口径几乎相同，分辨率大约都是 0.15 米。所以在那时，美国空军会一下子送给亚利桑那大学天文台 6 块 1.8 米的超低膨胀材料的三明治镜片。

在 1992 年到 1999 年之间，美国又进行了几次 KH-12 卫星的发射。发射卫星的火箭是大力神 4 号，它的载荷长度达 5.1 至 5.9 米。望远镜直径是 2.4 至 3.1 米，分辨率大约几厘米，这些后期的侦察望远镜很可能就已经是拼合镜面的设计。

2007 年，KH 系列中的一个侦察卫星在秘鲁坠落。卫星上用于发电的放射性同位素钚-238 对秘鲁当地的环境造成了非常严重的污染，使当地人患上一些非常奇怪的疾病。2008 年 2 月，又一颗代号为 US139 大约相当于一个公共汽车大小的空间望远镜失去控制。为了不使这颗卫星的技术透露出去，美国海军使用标准 3 号反导导弹将其在空中摧毁。这枚反导导弹的弹体本身也配备了一个较小的用于制导的红外望远镜。

2012 年 6 月，正当美国航天局面临下一代韦伯空间望远镜严重超出预算，进度大大延迟的窘境时，美国国家侦察办公室突然宣布将向航空航天局赠送两台比哈勃望远镜还要好的空间光学望远镜，它们分别是一号和二号望远镜。望远镜口径和哈勃望远镜一样都是 2.4 米，视场范围大约是哈勃望远镜的 100 倍。这两台望远镜目前还没有配置任何用于天文观测的照相机和光谱仪。

1961 年到 1994 年之间，苏联也发射了近百颗侦察望远镜卫星，尽管有的只有短短几天的寿命。总的来讲，苏联侦察卫星中的电子部分技术要比美国的落后很多。

由于在天空中有了越来越多的侦察卫星，所以就自然出现了专门观测近地人造天体的队伍。早期这种工作是由天文学家在天文台内来进行的，现在这部分的工作

已经被军队系统所控制。美国军方在 20 世
纪 60 年代就要求亚利桑那大学研究一种测
量波阵面的仪器，用于对望远镜的镜面形状
进行调整，使得主动光学迅速发展。而自适
应光学中的激光引导星的技术就是军方首先
在 20 世纪 80 年代研究并使用的。后来在
20 世纪 90 年代，激光引导星技术获得解密，
很快在天文界流传开来。

图 99　美国空军的可
以快速放下的圆顶室

美国军方监测近地天体的重要望远镜是
夏威夷的 3.6 米先进光电系统望远镜和新墨
西哥州 3.5 米的星火望远镜。这两台望远镜
都具有快速反应的功能，可以高速度地跟踪
人造卫星。它们分别装置在一种篷布式的圆
顶室内（图 99），圆顶可以很快地降落，
从而使望远镜迅速转动，高速跟踪，指向卫
星到达的任何天区。它的地平快动速度可以
达到每秒 18 度，而高度快动速度可以达到

图 100　潘斯特军用巡天望远镜

每秒 5 度。先进光电系统望远镜本身具有折轴焦点，可以对目标的结构进行非常仔
细地研究。

另一个非常重要的军用巡天望远镜阵包括 4 个完全相同的 1.8 米大视场光学望
远镜（图 100）。它们可以捕捉任何新出现的人造天体。由于是 4 台望远镜同时工作，
可以避免因为 CCD 中的像元故障所引起的遗漏事件。2010 年美国又在新墨西哥
州制造了一台 3.5 米三镜面长镜筒的大视场空间巡视望远镜，它的视场为 3.5 度。
整个望远镜耗资 1.1 亿美元。

25

激光武器中的
光学望远镜

在扑朔迷离、错综复杂的美国反导弹防御系统中，有一种非常特别的摧毁敌方导弹的武器。它并不是一般的反导弹导弹，而是一个能量巨大的激光武器，即机载激光枪。这个项目是由位于新墨西哥州的柯特兰空军基地的空军研究实验室主持的。整个项目的目标是制造 7 台机载激光枪，载有激光枪的飞机将成对地在有可能发射导弹袭击美国的少数国家周围的 13 千米的高空不停地来回巡逻。一旦发现有洲际导弹从这些国家升空，这些飞机就用所装备的激光枪将这些洲际导弹在它们的上升阶段将其摧毁。这种激光枪的有效射程为 370 千米。这项工程现在已经停止，它已经花费的经费远远超过了 46 亿美元。

机载激光枪（图 101）的试验最早开始于 20 世纪的 80 年代初期，当时美国空军在一架波音 747 飞机上进行了一项称为机载激光试验室的试验，用激光束击毁了 5 发迎着

图 101 美国空军发展的机载激光枪

飞机飞来的响尾蛇导弹。这次试验的成功为机载激光枪项目的立项提供了依据。利用激光摧毁正在上升阶段的洲际导弹，并不是直接对准弹头部分，而是对准靠近燃料库的弹体部分。正在飞行的导弹会产生温度很高的尾气，弹体部分的温度也很高，利用红外传感器可以在数百千米以外捕获它的尾气。如果弹体受到高能量的激光照射，温度会迅速升高并熔化，高压的燃料就会向外喷发，使导弹被摧毁。如果导弹载有化学物质或者是核弹头，那么毁坏的化学物质或者核弹头对美国本土并不会产生任何危害。

机载激光枪项目使用的是波音 747-400 大型飞机，飞机的四周布置有很多红外传感器，所以一旦有导弹升空，传感器就能够很快地捕获到信息，然后指挥飞机调整方向并启动整个激光系统。

机载激光枪总共包括激光发生器、光学望远镜、自适应光学、方位传动和发射控制等多个部件，其中最关键的就是激光器和光学望远镜。激光发生器是一个百万瓦级的氧碘固体化学激光发生器，产生波长 1.35 微米的激光束。之所以使用这个特定波长，是因为大气对这个波长的光的吸收率比较低。激光器最关键的功能是要将各个激光发生器产生的激光束按照相位相同的准则合并起来，形成一束大功率的激光光束。

机载激光枪除了这个主激光器以外，还有另外三个激光系统，分别是主动测距系统、跟踪照明系统和光束照明系统。工作的时候，主动测距系统第一个启动，这是一个波长为 11.15 微米的二氧化碳激光雷达。波束射出后到达目标，从目标表面反射回来一组组连续的高角分辨率的跟踪数据，根据这些数据可以计算出导弹的位置和速度。跟踪照明系统是一个波长为 1.03 微米的 YB 固体激光器。它发射出一束脉冲激光光波，照亮敌方导弹，等飞机的头部稳定下来后，使专门的照相机锁定目标导弹。光束照明系统就是一台望远镜，它利用激光束对准导弹聚焦，在导弹表面形成一个光点，到达这个光点的光束相当于一颗激光引导星，会从导弹的表面反射回来。反射回来的光束通过一个叫波阵面检测器的装置，可以快速准确地分析出光束从目标导弹表面反射经过大气层以后，光学波阵面变形的详细情况。这是一个速度非常快的测量装置，测量速度达到每秒两千次。它被用来监视在激光光束所通过的路线上因为气流所产生的大气折射率和光程的实时变化，可以用来控制一块反射表面可以迅速变形的镜面，镜面经过控制后的变形正好可以补偿掉这个大气层所引起的变化。这个变形镜是主激光器光学系统的一部分，也正是因为系统的这个部分，这种激光武器被称为自适激光枪。在摧毁导弹的时候，强大的主激光通过一系列反射镜到达主光学望远镜。主激光经过这个变形镜发射到锁定的导弹弹体位置以后会在导弹弹体的表面聚焦成一个能量非常高的明锐的光点，从而烧毁导弹的弹体。

这种激光枪的核心是一个直径 1.5 米所有镜面和支撑全部镀金的折轴光学望远镜（图 102）。镀金的表面可以使能量达百万瓦级的激光经过望远镜时所产生的热效应为最小，对望远镜的表面精度和指向精度影响最小，并延长望远镜的使用寿命。

图 102　机载激光枪中的 1.5 米光学望远镜

借助自适应技术控制的变形镜面，光学望远镜可以将主激光发生器中所产生的能量精确地毫无损失地集中在目标导弹表面的一个很小区域，从而使导弹的表面受热变软，引起导弹自身爆炸。之所以采用这么大的望远镜，是因为激光光点的尺寸和望远镜的口径成反比，望远镜口径越大，光点的尺寸就越小，激光的能量就越集中，所产生的温度就越高。这个大望远镜本身的重量达到 7 吨，方向可以任意地转动和调整，包括主镜、副镜和相应的窗口。副镜直径是 30 厘米。为了有稳定的望远镜指向，望远镜装备了十分精确的传感器和减震装置。

在整个激光枪装置中，除了主望远镜，还有其他的十分复杂的光学零部件。

这些光学零部件的作用主要是控制激光束的相位和在望远镜口径面上的波阵面的形状，同时对激光束的大小进行扩大和调节。整个激光枪总共包括有 127 个重要元件。

2009 年激光枪系统进行了最后的实战测试证明可以用于实际的战斗。不过这种系统的造价非常昂贵，实际的意义不是很大。而一些小型的车载、舰载和手持式的激光武器（图 103）正在或将要在战争中发挥重要的作用。

图 103　车载、舰载和手擎式的激光武器

后记
POSTSCRIPT

　　四十多年前，我和南仁东教授有幸成为改革开放后中国科学院第一批天文科学研究生。天文科学是大科学，当时的中国经济基础薄弱，天文科学不可能有大的投入，与美欧发达国家不在同一个量级。但我们都憋了一口气，希望通过我们的勤奋学习和努力奋斗，尽快缩小这一差距。其后的几十年间，我们时有交流，互相切磋，互相鼓励。他主持"中国天眼"，下定决心搞一个世界级大口径天文望远镜。我异常兴奋，尽我所能支持他的工作。他多次提及天文望远镜方面有太多的高技术问题，这些问题的解答一直分散在众多的期刊文献之中，鼓励我要为中国人争口气，写出天文望远镜的专门著作。

　　今天的中国，发生了沧海桑田的巨变。特别值得我高兴的是，南仁东教授作为"中国天眼"的主要发起者和奠基人，完成了"中国天眼"这一重大科技项目，使得中国在射电天文望远镜领域一下子进入了第一方阵。我也先后完成了：《天文望远镜原理和设计》，中国科学技术出版社，2003；《高新技术中的磁学和磁应用》，中国科学技术出版社，2006；The Principles of Astronomical

147

Telescope Design，Springer，2009;《天文望远镜原理和设计》，南京大学出版社，2020。这几本书的出版除了南仁东教授等诸多专家和同仁的支持、帮助和鼓励外，我的博士生导师、皇家天文学家史密斯先生也多次教导我，只有写出一本望远镜的书才能真正掌握天文望远镜的理论和技术。

随着年龄的增长，我又了解到广大青少年朋友对天文和天文望远镜都有着浓厚的兴趣，但没有很好的渠道，于是我又开始了在我的"老本行"——天文望远镜方面进行科普创作，想让这些各种各样的望远镜被更多人知道、了解和熟悉。于是在中国天文学会的精心组织，以及南京大学出版社的帮助和鼓励下，这套天文望远镜史话丛书正在陆续问世，并有幸入选"南京创新型科普图书"和"江苏科普创作出版扶持计划"，这些项目的入选，也代表了丛书的创意和内容得到了有关单位的认可，在此表示感谢。

同时借此机会，我还要由衷地感谢帮助过我的南仁东教授和史密斯教授，以及其他中外专家和朋友，这些学者有：

南仁东、王绶琯、王礼恒、杨戟、艾国祥、常进、苏定强、胡宁生、王永、赵君亮、何香涛、朱永田、王延路、李国平、夏立新、娄铮、纪丽、梁明、左营喜、叶彬寻、李新南、朱庆生、杨德华、王均智、姚大志。

Dr. Robert Wilson（1978 年诺贝尔奖获得者），Francis Graham-Smith（皇家天文学家，格林威治天文台台长）， Malcolm Longair（爱丁堡天文台台长）， Richard Hills（卡文迪斯实验室天文学教授），Colin M Humphries（天文学教授），Bryne Coyler（英国卢瑟福实验室工程总监）， Aden B Meinel（美国喷气推进实验室杰出科学家），Jorge Sahada（射电天文学家，国际天文学会主席），Antony Stark（波士顿大学天文学家），John D Pope（格林威治天文台工程总监），R K Livesley（剑桥大学工程系教授）。

　　以上排名不分先后，限于篇幅，不能一一列举，再次衷心感谢各位朋友，没有他们的帮助就没有我的任何成就。

　　希望大家一直对天文感兴趣，并能喜欢天文望远镜，如果这套小书能对您产生一点点的帮助，将是我莫大的荣幸！

图片来源
PICTURE SOURCE

图书在版编目（CIP）数据

巨型望远镜时代：现代光学天文望远镜 / 程景全著.
—南京：南京大学出版社，2023.1（2024.3 重印）
（天文望远镜史话）
ISBN 978-7-305-23092-9

Ⅰ．①巨… Ⅱ．①程… Ⅲ．①天文望远镜—光学望远
镜 Ⅳ．① TH751

中国版本图书馆 CIP 数据核字 (2020) 第 046803 号

出版发行　南京大学出版社
社　　址　南京市汉口路 22 号　　　　邮　编　210093
丛 书 名　天文望远镜史话
书　　名　**巨型望远镜时代——现代光学天文望远镜**
　　　　　JUXING WANGYUANJING SHIDAI —— XIANDAI GUANGXUE TIANWEN WANGYUAN JING
著　　者　程景全
责任编辑　王南雁　　　　　　编辑热线　025-83595840
照　　排　南京开卷文化传媒有限公司
印　　刷　南京凯德印刷有限公司
开　　本　787×960　1/16　印张 10.25　字数 166 千
版　　次　2023 年 1 月第 1 版　2024 年 3 月第 2 次印刷
ISBN　978-7-305-23092-9
定　　价　48.00 元

网　　址：http://www.njupco.com
官方微博：http://weibo.com/njupco
微信服务号：njupress
销售咨询热线：（025）83594756